张蕾 曹春楠 著

多元创新：传统工艺在现代服饰中的探究

中国纺织出版社有限公司

内 容 提 要

本书为海南省自然科学基金高层次人才项目"海南黎锦传统工艺的数字活化呈现研究"（项目批准号：624RC526）研究成果。本书系统解析传统工艺与现代服饰的融合创新路径。前两章梳理传统工艺的文化内涵、分类体系及现代服饰设计趋势；第三至第十章聚焦编织、刺绣、染色等八大工艺门类，结合黎族藤竹编、绁染、织锦等典型案例，探讨传统技艺的现代转化策略，通过雕刻、陶瓷、镶嵌等工艺在服饰结构、视觉语言及可持续材料中的突破性实践，揭示传统工艺在现代服饰设计中的核心价值。

全书兼顾学术性与实用性，为服饰产业创新设计、传统手工艺产业化发展提供可操作方案，适合高校设计专业师生、设计行业从行业者、非遗工作者及传统文化研究者、爱好者参考阅读。

图书在版编目（CIP）数据

多元创新 ：传统工艺在现代服饰中的探究 / 张蕾，曹春楠著. -- 北京 ： 中国纺织出版社有限公司，2025.5. -- ISBN 978-7-5229-2830-2

Ⅰ. TS941.2

中国国家版本馆 CIP 数据核字第 2025WT3757 号

责任编辑：施 琦　亢莹莹　　责任校对：寇晨晨
责任印制：王艳丽

中国纺织出版社有限公司出版发行
地址：北京市朝阳区百子湾东里 A407 号楼　邮政编码：100124
销售电话：010—67004422　传真：010—87155801
http://www.c-textilep.com
中国纺织出版社天猫旗舰店
官方微博 http://weibo.com/2119887771
三河市宏盛印务有限公司印刷　各地新华书店经销
2025 年 5 月第 1 版第 1 次印刷
开本：787×1092　1/16　印张：16
字数：230 千字　定价：88.00 元

凡购本书，如有缺页、倒页、脱页，由本社图书营销中心调换

前言

R E F A C E

传统工艺作为中华文化瑰宝的关键组成部分，不仅承载着中国人民几千年来的智慧与美学追求，还记录着不同历史时期的社会发展与文化变迁。在经济全球化、机械工业迅速发展的现代社会，传统工艺逐渐面临被边缘化的危机，但也迎来了创新与融合的全新发展机遇。服饰作为人类文明的重要载体，不仅是生活的必需品，也是文化传承与个性表达的重要媒介。将传统工艺与现代服饰相结合，既能赋予传统工艺新的生命力，又能为现代服饰设计注入深厚的文化底蕴与创新活力。

多元创新时代呼唤传统与现代的深度融合，传统工艺在现代服饰设计中的应用不再局限于单一的复古表现，转而通过造型、图案、材质、工艺等多维度的创新实践，为现代设计注入独特的文化意义与艺术表现力。通过工艺的革新与设计创新，传统技艺不仅在现代服饰中焕发出新的光彩，也推动了文化传承与产业发展的双向赋能。

本书以"多元创新：传统工艺在现代服饰中的探究"为主题，旨在全面梳理传统工艺的发展脉络与文化价值，探讨传统工艺在现代服饰设计中的多元应用与创新可能。全书分为十章，涵盖了传统工艺与现代服饰设计的基本概述，以及传统工艺在现代服饰设计中的多元创新，并通过编织、刺绣、染色、雕刻、织锦、陶瓷、镶嵌等多种传统工艺在服饰设计中的具体案例，详细解析了传统工艺的创新路径与实践方法。本专著由张蕾、曹春楠两位老师共同完成，全书共计23万字，张蕾撰写 13 万字，曹春楠撰写 10 万字。

本书撰写过程中，集合了来自工艺研究、服饰设计、文化创意领域的专家学者的研究成果与案例分析，融入了实地考察的第一手资料，力求以全景化的视角展现传统工艺在现代服饰设计中的多元发展。本书目标不仅是记录和分析传统工艺在现代语境中的应用，还希望通过理论与实践相结合，为传统工艺的创新发展提供具有可行性的参考方案。

著者

2025 年 4 月

目录

CONTENTS

第一章

传统工艺的基本概述

第一节

||||||||||||||||||||||||||||

传统工艺起源与发展

中国传统工艺历史悠久，种类繁多，发展轨迹反映着中华民族独特的文化创造力与社会实践。由于学科建设滞后，长期以来对传统工艺缺乏科学的定义与统一的分类标准。传统工艺是指利用生产工具对原材料、半成品进行加工或处理，形成特定产品的各种方法与技术。近年来，随着非物质文化遗产保护运动推进与传统文化重要性的再认知，"传统工艺"概念逐渐进入公众视野。"传统工艺"的早期定义主要来源于"传统工艺美术"，特质体现在"百年以上的历史传承、技艺精湛、世代相传、具有完整的工艺流程、采用天然材料制作、具有鲜明民族风格与地方特色，享有国内外声誉的手工艺种类及技艺"。这种定义偏重艺术性与手工性特点，但中国传统工艺内涵已远超工艺美术的范畴，还包括机械制造、金属冶炼、农畜加工、食品制作等领域，成为生产、生活的综合体现。

从广义视角来看，传统工艺不仅是满足物质需求的生产技术，也是文化创造的表现形式，涵盖着艺术审美类、实用生活类两大部分。传统工艺是源于生产实践，通过经验积累不断传承的知识、技能、技艺、技巧，旨在满足人们的衣食住行等基本物质需求。该观点在2017年由文化部、工业和信息化部、财政部制定的《中国传统工艺振兴计划》中得以体现："本计划所称传统工艺，是指具有历史传承和民族或地域特色、与日常生活联系紧密、主要使用手工劳动制作工艺及相关产品，是创造性的手工劳动和因材施艺的个性化制作，具有工业化生产不能替代的特性。"从定义出发，传统工艺核心要素可归纳为三个方面。

首先，历史传承是传统工艺的根本属性。传统工艺拥有百年以上的历史，通过代代相传成为中国精神与物质文化的延续与发展，具有重要的历史意义与文化意义。无论是农具制造实用性技艺，还是景泰蓝等艺术品的审美表现形式，这些工艺都蕴含着古人的智慧与创造力，是历史文化沉淀的重要载体。

其次，民族与地域性是传统工艺的关键特征。传统工艺形成离不开特定的自然地理环境与民族文化背景。中国传统工艺在漫长的历史进程中，与"因地制宜"文化理念高度融合。北方草原民族的毡艺与南方稻作文化的竹编工艺，均是独特地域条件与文化传统的产物。这种地域性与文化性的结合，使传统工艺不仅是技术行为，也成了民族性与地域性知识的体现，是经济全球化语境下文化多样性的关键表达。

最后，手工制作构成了传统工艺的基本形式。传统工艺产生于工业社会之前，以手工劳动为主要特征，与工业化生产中的机械制造及规模化再生产截然不同。正是这种手工属性赋予传统工艺情感性、艺术性、独特性，使每一件作品都具有无法复制的文化价值和工艺魅力。例如手工刺绣、陶器制作中的点滴细节，无不体现出工匠的匠心与艺术创造力。

基于以上三个核心要素，传统工艺不仅是非物质文化遗产的关键组成部分，也是民族文化身份的物质载体，展现着中国优秀的技术文化传统。基于此框架，传统工艺研究对象可划分为两大类：一类是古代技术史范畴的传统手工技艺，如农业工具、交通工具、印染、陶瓷等生产生活用品的加工制造；另一类是与文化审美相关的传统工艺美术，如年画、风筝、皮影、景泰蓝等，这些工艺品不仅可满足人们的精神需求，还反映着特定时代的文化特质与艺术追求。

总之，中国传统工艺是涵盖多学科领域的复杂概念，内涵不仅体现着技术性、实用性，还蕴含着深厚的文化属性与社会意义。基于当代背景，重新审视传统工艺的定义与分类，不仅可为学术研究提供理论支持，也可为推动文化传承与创新发展奠定基础。这种回归与发展，既是中华民族文化自信的关键体现，也是世界文化多样性保护与传承的实践。

第二节

传统工艺的分类

一、传统工艺分类基础

传统工艺分类具有多样性、复杂性，不同历史时期、文化视角、研究标准都对其划分产生着重要影响。在先秦时期的《考工记》中，百工技艺被分为"攻木之工、攻金之工、攻皮之工、设色之工、刮摩之工、搏埴之工"六大类，共计三十个工种。该分类以材料和工艺特点为基础，集中体现了古代工艺与生产实践的密切关系。到宋代，《天工开物》扩展为"乃粒、乃服、彰施、粹精、作咸、甘嗜、陶埏、冶铸、舟车、锤锻、燔石、膏液、杀青、五金、佳兵、丹青、曲蘖、珠玉"等十八类工艺门类，涵盖农业生产、纺织染色、粮食加工、陶瓷制作、金属冶炼、造纸印刷、珠玉加工等领域，反映着宋代经济繁荣与技术进步对传统工艺发展的推动力（表1-1）。清代《古今图书集成·经济汇编·考工典》对传统工艺进行了全面整理，列举了"木工、土工、金工、石工、陶工、染工、漆工、织工"等多个门类，展现着传统工艺在不同生产领域的丰富性、细化程度。进入现代，传统工艺分类更加系统化。中国传统工艺研究会原理事长华觉明教授从传承状态与学科建设角度出发，将传统工艺划分为十二类，主要包括器械制作、雕塑、陶瓷、染织、金属加工、髹漆、酿造与农畜矿产品加工、造纸、印刷、编织扎制、刻绘，以及其他手工艺如火药与爆竹制作。此种分类体现着对传统工艺技术性、艺术性、实用性的全面考量。传统工艺分类是内涵的关键体现，不仅为研究提供了清晰的方向框架，也彰显着人类对手工文化的深厚认同与尊重。作为农耕文明的重要成果，传统工艺分类方式反映着不同时期的社会需求与文化特质，多元化发展形式展现着手工技艺的创造性与生命力。尽管工业化、现代化给传统工艺带来了巨大冲击，但传统工艺在技术传承、文化保护、现代设计中依然具有重要价值。分类不断完善既体现着对工艺本质的深刻理解，也是传统工艺在新时代焕发新生的重要前提。

表1-1 《天工开物》的工艺分类

门类	种类
乃粒	筒车、牛车、踏车、拔车、桔槔、耧
乃服	蚕桑丝织（含结花本技艺）、棉、麻、毛纺织、裘皮、制毡
彰施	蓝淀、红花、胭脂、槐花
粹精	风车、砻、水碓、水磨、碾、舂、罗
作咸	海盐、池盐、井盐、末盐、崖盐
甘嗜	榨糖、白糖、兽糖、蜂蜜、饴饧
陶埏	制瓦、制砖、制陶、瓷器（定窑、钧窑、德化窑、景德镇窑、龙泉窑、哥窑）、回青，窑变
冶铸	鼎、钟、釜、铜像、炮、镜、钱的铸作，失蜡法、金箔、黄铜、砷白铜，炒铁、灌钢
舟车	漕舫、海船、杂船（长江、汉水上的课船，三吴的浪船，福建的梢篷船，四川的八橹船，广东的黑楼船、盐船，黄河的秦船等），马车，大车，独轮车
锤锻	锻铁、焊铁、夹钢、贴钢、生铁淋口、锉、锥、锯、刨的制作，渗碳制针，响铜乐器锻造，锡焊，铜焊，银焊
燔石	石灰、蛎灰、采煤、制矾（明矾、皂矾、红矾、黄矾、胆矾）、硫黄，砒霜
膏液	榨油［麻油、豆油、菜籽油、棉籽油、桕（jiù）油等］、煮油、磨油、制烛
杀青	竹纸、皮纸
五金	金、银、铜、锌、铁、锡、铅的采冶，胡粉、黄丹
佳兵	弓箭、弩、盾、火药、制硝、火炮、鸟铳、地雷、水雷、万人敌
丹青	朱砂、炼汞、银朱、制墨、颜料（紫粉、铜绿、代赭石、石黄）
曲蘖	制曲（面曲、神曲、丹曲）
珠玉	采珠，宝石加工，琢玉，琉璃

二、当代传统工艺及类别

长期以来，由于文化保护理念薄弱及相关体制不健全，传统工艺全貌与总量始终处于模糊状态，具体品种与类别未有清晰的界定。在相当长的一段时间内，学者将"工艺美术"等同于传统工艺，忽略了那些与国计民生密切相关且具备基础性作用的手工技术。狭隘的认知使诸如工具器械制作、农畜矿产品加工、金属采冶、造纸、印刷等传统工艺的重要领域长期未能进入主流研究视野。2003年，随着非物质文化遗产（以下简称"非遗"）保护工作启动，中国传统工艺类别逐渐被纳入科学研究轨道。为适应非遗保护工作的需要，中国传统工艺研究会组织众多专家对传统工艺的学科属性、内涵、类别进行了深入探讨，在多次征求意见的基础上建立了一套较为系统的分类体系。体系最初将中国传统工艺划分为14大类，主要包括工具器械制作、农畜矿产品加工、营造、织染绣、陶瓷烧造、金属采冶、加工、雕塑、编织扎制、髹漆、家具制作、造纸、笔墨砚制作、印刷、剪刻印绘、特种技艺及其他。

传统工艺分类秉承起源年代与对国计民生重要性的双重标准。工具器械制作位列首位，原因是作为一切器械制作之本，起源最早且对传统工艺发展具有奠基性作用，如规矩绳墨、斧刃锉锯等工具不仅体现着传统工艺技术的成熟性，也为其他工艺门类的发展提供了技术支持。像造纸和笔墨砚制作、印刷这样极具文化价值的工艺，由于起源时间相对较晚，被列于家具制作之后。编织扎制虽然使用历史悠久，但对社会发展核心作用略逊于其他基础性工艺，因此在分类中排于雕塑之后。

华觉明学者对分类体系进行了细化，按行业分类，构成涵含15大类、106门类、765种类的中国传统工艺三级分类体系（表1-2），为传统工艺的全面研究提供了清晰的结构化依据。此分类体系已经被非物质文化遗产主管部门广泛采纳，被用于传统工艺的普查和名录制定工作。经国务院批准的第四批国家级非物质文化遗产代表性项目名录中，传统工艺涵盖着刺绣、雕塑、编织扎制、刻绘等重要领域。即便是尚未进入国家级名录的传统工艺项目，只要符合代表作水准，也在该分类体系中有所体现。部分需要手工技艺提供保障的传统音乐、戏剧、曲艺及民俗项目，也在相关领域有所反映，从而拓展了传统工艺的外延。分类体系不仅全面展示着中国传统工艺在当代的多样性与丰富性，也凸显着其现代价值。作为非遗的重要组成部分，传统工艺承载着丰富的文化内涵与历史记忆，分类不仅为学术研究、保护工作提供了方向性指导，也为政府在非遗保护与文化政策制定中的规范性管理提供了依据。通过对传统工艺进行科学细致的分类，得以更加系统地认识文化宝藏，为其在现代社会的创新与发展奠定了坚实的基础。

表1-2　传统工艺分类

序号	大类	门类
1	工具器械制作	机械、仪表、舟车、乐器、日用器具
2	农畜矿产品加工	制盐、制茶、酿造、食品、制革、颜料、制香、烟火爆竹、土碱烧煮
3	营造	传统建筑、民居、少数民族建筑、桥梁
4	织染绣和服饰制作	丝织、织锦和缂丝、棉纺织、麻纺织、毛纺织、印染、刺绣、服饰制作、民俗用品
5	陶瓷烧造	制陶、制砖、制瓷、琉璃和料器
6	金属采冶和加工	采冶、冶铁、铸造、锻造、珐琅、金银细金工艺、铜器和银器制作、特种金属工艺
7	雕塑	木雕、木偶和面具制作、石雕、砖雕、牙雕、玉雕、杂色雕、篆刻、竹刻、泥塑、面塑、糖塑、酥油花、瓯塑
8	编织扎制	草编、柳编、竹编、棕编、葵编、扎制、灯彩、风筝
9	髹饰	雕漆、推光漆、镶嵌丝漆器、螺钿漆器、脱胎漆器、皮胎漆器、漆线雕、髹漆、泥金彩漆
10	家具制作	——
11	造纸和笔墨砚制作	皮纸、竹纸、笺纸、制笔、制墨、制砚、印泥
12	印刷	雕版印刷、活字印刷、木版水印
13	刻绘	剪纸、刻纸、木版年画、皮影刻制、彩扎、内画
14	中药炮制	中药炮制技术、传统中医制剂方法、少数民族炮制技术、老字号炮制工艺
15	特种技艺及其他	远古工艺、皮具制作、火草布、贝叶经、装裱和修复、盆景、其他

第三节

传统工艺的审美价值

一、形式美感的表达

（一）造型的协调与比例

传统工艺造型设计是审美价值的关键体现，协调与比例则是核心要素。无论是器物、家具还是建筑，造型都蕴含着对结构美与功能美的深刻理解。造型的协调，首先体现在整体与局部之间的关系处理上。传统工艺在创作中讲究"整体为纲、局部为目"，通过精确的比例关系实现整体与局部的和谐统一。这种协调既表现为视觉上的平衡感，也反映着实用功能上的合理性。例如，中国传统家具设计充分体现着造型的比例美，其高低、宽窄与人类的身高、坐姿等生理特性高度契合，整体轮廓线条流畅，与周围环境空间相得益彰。比例的准确掌握来源于工匠长期积累的实践经验与对材料特性的深刻认识。无论是亭台楼阁的梁柱比例，还是瓷器的口径与腹径，均在无数次实践中形成了相对稳定的审美法则。传统工艺造型协调与文化内涵紧密相连。中国传统文化强调"中庸之道"，该思想渗透到工艺设计中，使造型在追求对称与平衡的过程中，又注重韵律与节奏的动态变化。青花瓷造型设计既有对称的形式美，又在细微处体现出自然流畅的装饰线条，使整体既端庄大气，又不失灵动柔和。这种协调与比例的把控，不仅可提高工艺品的观赏价值，也可拓展其文化表达的深度。传统工艺造型的协调与比例还体现着人与自然和谐相处的哲学观念。建筑中屋檐设计不仅美观，也能合理应对自然环境的挑战；雕刻作品的构图比例遵循"黄金分割"或"天人合一"的原则，使人感受到自然与人文的完美融合。

综上，造型的协调与比例不仅是传统工艺视觉美感的来源，也是其功能性与文化意蕴相统一的集中体现，展现着传统工艺在形式与内涵上的高度融合与深刻智慧。

（二）纹饰与图案的艺术性

纹饰与图案的艺术性是传统工艺审美价值的关键组成部分，不仅作为装饰性的视觉元素存在，也承载着深厚的文化意义与历史传承。纹饰与图案在设计上注重形式的美感与内容的意蕴相结合，通过精心安排的线条、形状、色彩、布局，创造出具有强烈的艺术感染力与文化象征性的视觉语言。在传统工艺中，纹饰与图案设计以自然界的花鸟鱼虫、山水云纹等为蓝本，将自然观察与审美加工巧妙融入造物活动中。这样的设计不仅表现出高度的艺术性，还通过形象化的图案表达了对自然的尊重与依赖，体现出"天人合一"的哲学观念。

纹饰与图案的艺术性还体现在其符号性与象征意义上。在中国传统工艺中，不同图案常常承载特定的寓意，如"龙凤呈祥"象征吉祥如意，"松鹤延年"寓意长寿安康。这些纹饰设计通过对自然与社会的提炼和概括，将深刻的文化内涵融入传统工艺品，不仅提升了工艺品的审美价值，还赋予传统工艺品独特的精神属性。不同地区和民族的纹饰与图案也因地域文化的差异而呈现出多样化的艺术风格。例如，南方地区的蜡染图案多以自由流畅的线条勾勒出热带植物和动物形态，显示出浓郁的自然风情；北方的剪纸纹饰则以简洁明快的几何图案为主，表现出浓烈的民俗气息。

在工艺品制作过程中，纹饰与图案的艺术性体现在工匠对技艺的掌控与创新上。无论是陶瓷上的彩绘、漆器上的镶嵌，还是织物上的刺绣，都要求工匠以精湛的技艺实现纹饰与图案的细致呈现。纹饰的线条需流畅自然，图案的布局需和谐美观，色彩的搭配更需层次分明，不仅要求工匠具备高超的技艺，还需拥有深厚的艺术修养和创造力。在传统工艺与当代设计融合的过程中，纹饰与图案的创新性艺术表达展现着传统工艺的文化适应性与时代生命力。

综上，纹饰与图案的艺术性不仅体现着传统工艺的审美高度，也深刻承载着其文化表达与社会功能。通过丰富的视觉形式与深厚的文化底蕴，将传统工艺的实用价值、审美意义与精神属性有机结合，展现着传统工艺在艺术创作与文化传承中的独特魅力与无尽可能。

（三）色彩搭配与视觉平衡

色彩搭配与视觉平衡是传统工艺审美价值中的核心要素，在工艺品设计与制作中既体现着技术高度，也展现着文化深度。色彩作为最具视觉冲击力的表现形式，不仅能直接引发情感共鸣，还能通过合理的搭配与布局营造出和谐的视觉效果。在传统工艺中，色彩选择受到自然环境、材料特性、文化习俗的深刻影响。中国传统陶瓷中青花的清雅、五彩的绚丽及釉里红的浓烈，体现着对色彩搭配与视觉平衡的高度关注。这些色彩组合不仅可强化传统工艺品的视觉表现力，还通过与纹饰、造型的协调，提升着整体的美感。

色彩搭配在传统工艺中具有鲜明的文化象征意义。以红、黄、蓝为主的传统色系不仅展现了自然界中的经典色调，还映射出中国文化中特定的价值观与情感表达。例如，红色象征喜庆与热情，黄色代表权威与尊贵，蓝色则寓意宁静与深邃。在漆器、刺绣、陶瓷等工艺领域，这些色彩使用与具体文化背景密切相关，既表达着特定的审美倾向，又承载着丰富的文化意蕴。不同地域和民族的色彩搭配方式也具有显著的差异性。南方地区的工艺品多以明亮的对比色表示热烈的自然风情，北方则更偏好沉稳的中性色调，呈现出含蓄厚重的美学风格。

视觉平衡作为色彩搭配中的关键原则，贯穿传统工艺的整体设计与局部装饰。无论是刺绣中的针法分布、陶瓷中的彩绘布局，还是漆器上的图案镶嵌，都体现着色彩运用上的主次分明与疏密得当。例如，在青花瓷的纹饰设计中，蓝与白的对比不仅增强了视觉冲击力，还通过适当的留白营造出疏密有致的空间感，从而形成和谐的视觉效果。工匠在创作过程中通过对色彩饱和度、明暗对比以及面积分布的精准把控，使工艺品无论在近观还是远观中都能展现出独特的视觉平衡效果。

传统工艺中色彩搭配与视觉平衡不仅局限于视觉层面的美感表达，更注重与情感和意境的融合。在漆器工艺中，深沉的黑色作为底色，辅以金银色的点缀，展现出庄重与典雅的气质；在织锦工艺中，多层次色彩搭配呈现出复杂而和谐的视觉效果，体现着多彩而丰富的生命力。

综上，色彩搭配与视觉平衡不仅是传统工艺的形式美的关键体现，也是一种文化深度与艺术高度的体现，为工艺品注入了独特的精神内涵与审美价值。

二、材质之美

（一）天然材质的肌理与质感

天然材质的肌理与质感既是传统工艺审美价值的核心，也是工艺品独特魅力的来源。天然材质以自然生成的纹理、触感、视觉效果，赋予工艺品独特的艺术表现力与文化内涵。这些材质主要包括木材、石料、玉石、金属、陶土、丝绸、皮革等，它们各具特点，承载着人们对自然的敬畏与理解。在传统工艺中，工匠通过对材质的巧妙选择与精细加工，不仅保留了天然材质的原生美感，还提升了传统工艺品的艺术价值。例如，在木雕艺术中，木材的纹理成为创作的依据。黄杨木因细腻柔韧适合雕刻细节；红木纹理沉稳厚重，适合表现庄重典雅的主题。这种因材施艺的创作理念，使天然材质的肌理成为作品表达的关键组成部分。

天然材质的肌理与质感不仅为传统工艺品提供了视觉美感，也带来独特的触觉体验。玉石的温润、陶瓷的细腻、皮革的柔韧，无不让人感受到材质与工艺的双重魅力。例如，在传统玉器工艺中，玉石的质地光滑细腻，温润如脂，触觉上的舒适感与视觉上的清透优雅融为一体，使其成为中国传统文化中"君子之德"的象征。在陶瓷制作中，泥土经过复杂的工艺烧制后形成光滑或粗糙的表面，手感既展现着泥土的天然属性，也彰显了工匠技艺的精妙。

肌理的自然美与人工技艺的结合是传统工艺的独特之处。工匠在创作中善于利用天然材质中固有的纹理与特质，通过切割、打磨、雕刻、镶嵌等手段，既保留了材质本身的自然美，又融入了人类创造性。例如，在石雕中，青田石、寿山石的细腻纹理常被用来表现细节，粗糙的火山石则适合展现粗犷的自然力量；在漆器制作中，木胎的纹理与漆层的光泽相辅相成，体现着自然与工艺的完美融合。

天然材质的肌理与质感还具有强烈的文化意义，传递了人类与自然之间的深刻联系。在中国传统工艺中，材质常常不仅被视为创作的物质基础，更被赋予精神属性。例如，竹子因其挺拔柔韧而象征高风亮节，玉石因其细腻润泽而成为纯洁和谐的象征。这些材质通过其天然的肌理与质感，成为传统工艺中自然与文化交融的象征性载体。

（二）材料选择与工艺呈现

材料选择与工艺呈现是传统工艺中实现艺术价值与实用功能的关键环节，两者相辅相成，共同决定着传统工艺品的品质、美感。材料选择不仅直接影响着传统工艺品的最终效果，也体现着工匠对自然资源的深刻理解及对文化内涵的精准把握。在传统工艺中，材料选择始终以因材施艺为核心理念，根据不同用途、设计需求、材质的特性，选择最适合的材料。例如，在陶瓷制作中，景德镇的高岭土以细腻纯净而著称，适合制作白瓷或青花瓷，呈现出晶莹剔透的质感；在木雕中，黄杨木因其柔韧性和均匀的纹理常用于精细雕刻，紫檀和黄花梨则因密度高、色泽深而成为高档家具的首选材料。

材料选择也深刻影响着传统工艺的呈现方式。在传统工艺中，不同材料的物理和化学特性决定了工匠需要采用的加工方法。例如，玉石因硬度高且质地脆，需采用慢速细致的切割与打磨技术，强调工匠对力道与工具的精准控制；竹编工艺则利用竹子的柔韧性与可塑性，通过编织、弯曲、镶嵌等手法展现结构之美。材料特性还对工艺创新提出挑战。例如，在漆器工艺中，天然漆的附着力、耐久性促使工匠开发出复杂的髹漆技法，主要包括堆漆、雕漆、螺钿镶嵌等，以充分展现材料的独特美感。

材料选择与工艺呈现结合不仅是技术性的行为，也是审美与文化的体现。工匠在材料的选择上不仅要考虑物理性能，还要注重文化象征意义。金属材料中的黄金因其稀有性、光泽成为尊贵与永恒的象征，被用于首饰和宗教器物制作；陶土的朴实与沉稳象征着自然与人文的融合，被用于制作瓷器、雕塑。这种对材料与文化之间关系的深刻洞察，使传统工艺品既具有实用价值，又成为文化与艺术的载体。

材料选择与工艺呈现共同构建了传统工艺的整体美感。无论是金属器皿的精密纹饰，还是纺织品的柔软质感，材料在工艺中呈现的视觉与触觉体验，都传递出工匠的匠心与创造力。通过对材料特性的深入挖掘与工艺技法的娴熟运用，传统工艺不仅实现对自然资源的最大化利用，还赋予每一件作品独特的个性与生命力，展现着自然与艺术的完美结合。

（三）材质美与功能性的结合

材质美与功能性的结合既是传统工艺品设计与制作中最核心的理念，也是其实现审美与实用价值统一的关键。在传统工艺中，材质自然特性不仅是工艺品外在美感的基础，也是满足功能需求的保障。工匠通过深入理解材料的物理特性，如硬度、韧性、密度、导热性、吸湿性等，将这些特性与器物的用途紧密结合，以达到形式与功能的完美平衡。例如，竹子的轻便和柔韧性使其成为竹编工艺中的理想材料，既可满足物品的结构强度，又展现出自然肌理的清新质感；陶瓷以优异的耐高温性与光滑的表面被广泛用于餐具和装饰品，釉色的细腻光泽既提升了视觉美感，也增强了耐用性与清洁性。

在传统工艺中，材质美与功能性的结合还体现为对人类需求的深刻洞察与高度适应。工匠在选择、处理材料时，不仅注重自然美感，还考虑到器物在实际使用中的舒适性、便利性。例如，木制家具设计充分考虑了木材的触感与热传导性，使用光滑的表面处理与精准的接榫工艺，不仅展现了木材天然纹理的质朴美感，还提升了使用体验的温润与舒适感。在纺织工艺中，丝绸因轻盈与柔软被用于制作贴身衣物，其华丽的光泽展现着材质的美感，透气性与舒适性则完全满足了人体的穿着需求。

材质美与功能性的结合还体现在对可持续性的探索上。在传统工艺设计逻辑中，材质的选择不仅要符合审美与功能的需求，还要体现对自然资源的尊重与节约。陶瓷器的烧制充分利用了黏土的可塑性与高温耐受性，将其转化为经久耐用的生活器具；在织造工艺中，棉、麻等植物纤维因柔韧性、透气性而被应用，既可满足日常生活需求，又凸显着自然材质的本真美感。

材质美与功能性的结合在文化与艺术的层面上深化，形成独特的民族风格与地域特色。在金属工艺中，青铜器不仅因其耐腐蚀性和良好的铸造性能成为礼器和乐器的首选材料，表面的锈蚀色泽与雕刻纹饰更赋予其独特的历史美感与庄重气质；玉器通过精细雕琢体现出材质的温润之美，与其作为吉祥物或权威象征的功能性完美契合。工匠通过将材质的自然之美与器物的实用功能结合，创造出既符合人类日常需求，又富有文化内涵和艺术价值的作品。

综上，材质美与功能性的结合在传统工艺中不仅是技术与审美的统一，也是对自然、文化与人类需求的深刻回应。这种理念贯穿于设计、制作、使用的每一个环节，充分展现着传统工艺对自然资源的尊重与理解，以及将形式、功能与文化内涵高度融合的非凡智慧。通过这种结合，传统工艺创造着具有时代生命力与文化价值的经典之作，成为人类物质与精神生活的关键组成部分。

三、工艺技巧的美感

（一）制作技艺精湛

制作技艺精湛是传统工艺美感的核心要素，直接反映着工匠对技法的熟练掌握以及对细节的极致追求。传统工艺品制作技艺需要长时间的实践积累与代际传承，不仅是技术的不断完善，也是文化精神的凝练。精湛技艺通过对工序的严谨把控及对细节的精心雕琢，将普通材料转化为具有较高艺术性与实用价值的作品。例如，在传统刺绣技艺中，"针如发、线如丝"的精细要求，使一幅刺绣作品如同一幅色彩斑斓的画卷，每一针每一线都展现出匠人的耐心与技艺的成熟。再如在木雕工艺中，工匠对雕刀的运用精确到分毫之间，能在坚硬的木料上刻画出栩栩如生的人物形象或复杂纹样，这种精湛技艺不仅增强了作品的艺术感染力，也彰显着工匠对材质与工具的深刻理解。

制作技艺精湛体现不仅体现在工艺品的外观上，更在于制作过程中对工序的精准控制。传统工艺需要经过多个环节的反复打磨，如陶瓷制作需经历拉坯、修坯、施釉、烧制等一系列复杂工序，每一步都对工匠的技艺提出了高要求。在烧制过程中，窑火控制直接决定着作品的质感与色彩效果，这种对火候的精准掌握展现着工匠技艺的高度成熟。漆器工艺中髹漆时需要一层层涂抹、反复打磨，每一层漆的厚度与均匀度都要求精确无误，只有这样才能最终呈现出光滑如镜的表面与绚丽的色彩。

制作技艺精湛还表现在对传统与创新的融合中。工匠在传承传统技法过程中，会根据实际需求进行创新，以适应不断变化的审美需求与使用场景。传统景泰蓝工艺不仅通过掐丝和点蓝技法展现复杂多样的纹饰，还不断改良色釉配方，使作品在光泽与质感上更趋完美。这种创新不仅保留着传统工艺的本质特征，也通过技艺提升使其焕发新的生命力。

制作技艺精湛不仅是对技术的追求，也承载着工匠的文化责任与审美理想。要求工匠在创作中投入极大的专注与热情，将个人艺术理解融入每一道工序，从而赋予作品独特的情感与文化内涵。这种技艺上的精益求精使传统工艺品不仅具有实用价值，也成了传递文化与艺术的载体，展现出人类劳动与智慧的极致之美。通过精湛的技艺，传统工艺在现代社会中依然保持着强大的生命力，成为物质与精神结合的典范。

（二）技法细节中的匠心与艺术性

技法细节中的匠心与艺术性是传统工艺魅力的精髓所在，以精微的技艺展现着工匠对细节的极致追求及艺术创造的高度智慧。每一件传统工艺品，无论是陶瓷、刺绣、漆器，还是雕刻、编织，独特的艺术价值都蕴藏于精妙的技法细节之中。这些细节不仅体现着工匠的技艺水准，也承载着深厚的文化底蕴。在传统刺绣中，针法变化如平针、锁针、盘金针等，不仅决定着图案的立体感与细腻程度，还在一针一线间表达出特定的情感与艺术构思。在玉雕中，工匠利用玉石天然的色泽与纹理，通过细腻的线条雕刻与精巧的抛光处理，将粗糙的石料转化为温润细腻、富有生命力的艺术品，这种对材料与技法的融合体现着匠心独运。

技法细节中的匠心与艺术性还体现在对比例、结构、质感的精准把控上。在木雕工艺中，复杂的镂空雕刻技法需工匠以极高的耐心和技巧处理每一处细节，确保整体结构的稳固与纹样的精致相得益彰；在漆器制作中，螺钿镶嵌技法通过对贝壳片的反复切割、打磨与镶嵌，使微小的光泽碎片在漆面上组合成绚丽的图案，细节之精美令人叹为观止。这些技法并非单纯的技术操作，而是工匠在实践中对形式美和功能美深刻理解后的艺术表达，蕴含着对审美规律与文化意境的精准把握。

匠心不仅局限于手工技艺本身，也体现在对文化与情感的深刻传达中。例如，在景泰蓝工艺中，掐丝的每一笔弧线、点蓝的每一滴釉料，都是工匠对设计纹样反复斟酌的结果，展现出极致的艺术性与文化象征意义；在陶瓷的手绘过程中，工匠利用极细的毛笔描绘山水花鸟，精妙的笔触不仅表现着物象的自然美，还传递出传统文化的诗意情怀。这些技法细节中的艺术创造，不仅赋予了传统工艺品视觉上的震撼，也带来了情感与文化上的深刻共鸣。

技法细节中的匠心与艺术性还通过细节创新展现出传统工艺的活力与生命力。工匠在尊重传统技法的过程中，不断融入新创意，在刺绣中加入立体绣的技法，使作品在空间感与表现力上更加突出；或在金属雕刻中结合现代工艺，增加纹理的层次感与光影效果。这种创新并未破坏传统工艺的本质，而是在细节中赋予其全新的艺术表达形式，使传统工艺绽放出时代的魅力。

综上所述，技法细节中的匠心与艺术性不仅是传统工艺的核心价值，也是其传承与发展的根基。通过对细节的极致打磨与艺术性的深度表达，工匠将简单的材料升华为具有深刻文化意义和高度审美价值的艺术品，使每一件传统工艺品都成为技艺与艺术完美融合的典范，彰显出传统工艺独具的美学高度与人文精神。

（三）工艺过程中的传统与创新的结合

工艺过程中的传统与创新的结合是传统工艺在时代变迁中焕发新生命力的关键途径。这种结合既是对传统技艺的传承，也是对当代审美需求与技术进步的积极回应。在传统工艺发展过程中，工匠在坚守传统工艺精髓的过程中，通过对材料、技法、设计理念的创新，不断为工艺品注入新活力。创新并非对传统的颠覆，而是有机地延续和升华，是在继承原有工艺核心价值的基础上，探索新的表现形式与技术手段。景泰蓝工艺中的釉料配方在传统基础上经过改良，创造出多样化的色彩层次，既保留了传统景泰蓝的厚重质感，又增添了现代美学的灵动与鲜活。

传统与创新的结合还体现在设计理念更新上。工匠在继承传统造型与纹饰语言的过程中，融入当代的审美需求，使作品更符合现代人的生活方式、价值观。在陶瓷设计中，传统青花瓷以其典雅的纹饰和清新脱俗的气质著称，现代工匠在其基础上创新图案设计，加入抽象元素或简化线条，使青花瓷更加适应现代家居的装饰需求。这种结合不仅保留了青花瓷深厚的文化底蕴，还使其在现代生活中焕发出新的生机。

在材料运用上，传统与创新结合也得到了充分体现。传统工艺对天然材料的使用，如木材、竹子、陶土等，强调材料的本真美感与文化意涵，现代技术发展为这些材料的处理和表现提供了新的可能性。例如，竹编工艺在保持传统编织技法的基础上，通过现代化的染色工艺和材料处理技术，使竹制品的质感更加丰富，色彩更加多样化，从而赋予传统工艺多元的表现形式。

工艺过程中技术手段的革新是传统与创新结合的重要维度。现代数字化技术的引入为传统工艺带来了全新的表达可能。在刺绣领域，借助数字化制板技术，传统手工刺绣的图案设计更加精确，色彩搭配更加丰富，保留了传统手工制作的温度与细腻感。这种技术与传统技艺的结合，不仅可提高制作效率，还可为传统工艺品进入现代市场提供广阔的空间。

工艺过程中的传统与创新的结合意义不仅体现在技术层面，也体现在文化价值的延续与传承层面。工匠在创新中尊重传统，在传承中注重创新，使传统工艺在不同时代都能以多样化的形式呈现独特的艺术价值与文化意义。这种结合使传统工艺既能回应当代社会的审美需求，又保持其作为文化载体的核心功能，成为连接历史与未来、传统与现代的重要桥梁。通过传统与创新的交融，传统工艺得以持续发展，不仅保留着文化的根脉，也展现着其在新时代中的蓬勃生命力。

四、文化意象的审美传达

（一）民族文化符号与象征意义

民族文化符号与象征意义既是传统工艺中审美价值的关键体现，也是其深刻文化内涵的核心。传统工艺以独特的形式与符号语言，传递着民族的历史记忆、文化价值观、精神追求。符号形成源于人类对自然和社会的长期观察与思考，在传统工艺中，这些符号通过图案、纹饰、造型等形式表现出来，承载着丰富的象征意义。中国传统工艺中的"龙凤"符号，既是装饰性极强的艺术元素，也是权力、祥瑞、尊贵的象征，在宫廷用器、刺绣、建筑装饰中被运用，充分表达着中华民族对和谐与吉祥的文化追求。

民族文化符号与象征意义还体现为对自然的敬畏与模仿。传统工艺中的纹饰和图案源自自然界，如植物、动物、山水等，这些符号不仅具有审美价值，还寄托着人类对自然生命力的崇尚。莲花在传统工艺中常作为纯洁与高尚的象征，被用于瓷器、漆器、织物纹饰中；蝙蝠图案因其谐音"福"，寓意幸福与美好，成为传统工艺品中最具特色的吉祥符号之一。这些符号通过精美的工艺手法呈现，既表现出强烈的民族文化特征，又与特定的社会生活和精神信仰紧密相连。

民族文化符号在不同地域与民族的工艺品中展现出鲜明的地方特色。各地区在传统工艺中结合本土文化、风俗习惯、自然条件，创造出独具一格的符号体系。苗族刺绣中的龙鸟图案既体现着苗族对祖先崇拜的信仰，也蕴含着对自然与人类和谐共生的深刻理解；西藏唐卡中的宗教符号通过复杂的图案和色彩传递着藏族文化对信仰的虔诚与哲学思考。这些符号不仅是一种视觉语言，也是民族身份的标志和文化记忆的关键载体。

民族文化符号与象征意义在传统工艺中具有高度的可塑性、延展性，能随着时代的变化而不断产生新内容。在现代设计中，传统符号语言被重新诠释，通过简化、抽象等手法与当代艺术和设计理念结合，形成更符合现代审美与生活需求的文化表达。这种创新不仅延续着传统文化的生命力，还使其在新的语境中不断扩大影响力。

综上所述，民族文化符号与象征意义是传统工艺文化意象审美传达的核心内容。通过符号语言的视觉呈现与象征表达，将民族的历史记忆与文化精神凝练成可感知的艺术形式，既满足了人类对美的追求，也成为维系文化传承的重要纽带。通过这些符号，传统工艺在审美、功能之外，彰显了其作为文化载体的独特价值。

（二）地域特色与文化记忆的呈现

地域特色与文化记忆的呈现既是传统工艺独特审美价值的关键体现，也是其在特定历史语境中形成的深厚文化积淀的表达。传统工艺作为地域文化的物质载体，以形式、材料、工艺技法，浓缩着地区独特的自然风貌、生活方式、文化传统。这种地域特色通过纹饰、色彩、造型、制作工艺体现出来，展现了传统工艺品的核心魅力。景德镇的青花瓷以釉色晶莹剔透、图案清新优雅而著称，不仅与当地优质的高岭土资源密不可分，还反映着当地特有的文化气质与工艺美学。蜀锦以绚丽的色彩与繁复的织纹展现着四川地区繁荣的丝织文化及对自然花卉的艺术化呈现，成为地域文化记忆的象征。

地域特色深刻体现在材料的选择与加工工艺中。不同地区因自然环境的差异，在工艺品制作中表现出对自然资源的多样化利用。例如，海南黎族藤竹编工艺充分利用竹子的柔韧性与生长优势，形成了兼具实用性与装饰性的竹制品；北方皮影制作依赖畜牧业提供的优质牛皮和羊皮，通过精细雕刻与染色技术展现出地方文化的独特韵味。工匠在创作过程中，将自然资源与传统技艺巧妙结合，使地域特色通过物质形式得到充分表达，提升了传统工艺品的文化识别度。

地域特色呈现不仅反映着自然资源的特点，也深植于区域历史和文化记忆。每一件传统工艺品都承载着特定的文化符号与集体记忆。例如，陕西剪纸中的动物和民俗图案表现了关中平原的农耕文化和对生命力的崇尚。贵州蜡染通过蜡纹和染色技术将少数民族的信仰、传说和社会习俗定格在布料之上，成为文化记忆的载体。海南黎族龙被崇拜与织锦技艺通过独特的纹样和鲜艳的色彩，记录着黎族的自然崇拜与生活智慧；黎族竹木器雕刻展现着部落图腾与祖先崇拜，蕴含深厚的民族精神和文化传承。这种将地域特色与文化记忆融合的工艺形式，不仅传递着地方文化的丰富内涵，还构建了人们对特定地域文化的认同感、归属感。

地域特色与文化记忆的呈现具有很强的动态性、适应性。随着时代发展，传统工艺在保留地域特色的基础上，通过对现代设计语言的吸收转化，使其更加符合当代生活需求。例如，具有民族风情的少数民族银饰，在保留手工雕刻技艺的过程中，融入现代简约设计，使其兼具传统文化的深度与现代审美的广度。这种动态的文化表达方式，使地域特色在传承中焕发出新生机，既延续着传统工艺的历史价值，也赋予其现代社会中的新角色。

综上，地域特色与文化记忆的呈现是传统工艺的特质，通过对自然资源的利用、技艺的传承及历史文化的反映，形成鲜明的地域风格与文化符号。这种特色不仅体现着传统工艺在特定地域中的文化深度，也使其成为连接历史与现代、地方与全球的文化桥梁，为传统工艺的延续与创新提供了丰富的审美与文化内涵。

（三）历史传统与精神内涵的承载

历史传统与精神内涵的承载是传统工艺的核心价值，它以物质形态为媒介，传递着特定社会背景下的文化记忆、价值观念、精神追求。在漫长的历史演变中，传统工艺不仅是日常生活物品的体现，也是社会制度、民族特质、精神信仰的文化载体。中国青铜器作为礼制文化的重要组成部分，不仅展示着高超的铸造技艺，而且通过其复杂的纹饰与庄重的造型，承载着古代社会的等级制度、宗教信仰、权力象征。这种文化内涵通过器物代代相传，形成了不可替代的历史记忆与精神指引。

传统工艺精神内涵还表现在对民族审美追求与哲学思想的呈现上。中国传统文化中"天人合一"的观念深刻影响着传统工艺品的设计理念与制作手法。工匠在创作中注重顺应自然规律，以敬畏、尊重的态度对待材料，将自然质朴与人工的精致巧妙结合。例如，木雕工艺中充分利用木材的天然纹理，既展现材质的原生美，又通过精细雕刻赋予其文化意义。这种工艺思想不仅延续着人与自然和谐共生的理念，也在精神层面传递着中华文化中崇尚平衡与和谐的价值观。

传统工艺的造型、色彩、纹饰等形式，承载着丰富的象征意义与文化隐喻。无论是瓷器上的"福禄寿"纹饰，还是刺绣中"连年有余"的鱼形图案，这些元素都通过对自然物象的提炼与艺术化表达，成为祝福、期望与精神寄托的象征。这种符号化表达超越器物本身的使用价值，赋予传统工艺品更深层次的文化意义，使其在生活中既实用又富有仪式感。这种象征意义通过视觉语言构建起人们与文化传统之间的情感联系，成为代际之间沟通与传承的关键纽带。

历史传统延续在传统工艺中通过技艺传承得以实现，这种传承丰富了工艺的精神内涵。工匠通过手艺代代相传，将技艺与文化、价值观融为一体，使每一件工艺品都不仅是技法的结晶，也是历史与文化的浓缩。景泰蓝工艺中掐丝技法与色彩搭配，不仅展现着工艺的复杂性与美学高度，还体现着传统文化中对吉祥与和谐的崇尚。通过这些精湛的技艺，传统工艺成为文化传承的关键工具，在不断发展的社会中保留着民族文化的独特性。

综上，传统工艺作为历史传统与精神内涵的载体，以独特的物质形式记录着民族文化的精髓，传递着丰富的历史记忆与精神追求。这种承载不仅强化了人们对文化根基的认同，也使传统工艺在现代社会中依然具有强大的生命力与艺术魅力。通过将技艺、文化与精神融为一体，传统工艺展现了其在历史长河中恒久的文化意义与审美价值。

五、审美价值的时代适应性

（一）传统工艺的当代再创造

传统工艺的当代再创造既是其审美价值在现代社会焕发新生的关键途径，也是传统文化融入当代生活的核心方法。在全球工业化背景下，传统工艺不仅面临技术传承挑战，也在审美需求与市场环境转变中寻找新定位。通过当代再创造，传统工艺不仅得以保存独特的文化内涵，还能通过创新设计与技术手段适应现代生活的审美与功能需求。这种再创造并非对传统的割裂，而是对其核心理念的延续与升华。传统陶瓷工艺在保留手工制瓷的精髓与装饰美感的基础上，引入了现代简约风格设计，使其不仅能满足艺术收藏的需求，还能成为日常生活中的实用器具。

当代再创造注重传统技艺与现代技术的结合，以突破传统工艺技法的局限，为其注入新表现力。传统织锦工艺通过现代数字化设计与自动化织机技术的辅助，使传统纹样得以更精准地再现，拓展了织锦的应用范围，从传统服饰延伸至家居装饰、时尚配件。这种技术与传统的融合，不仅可提升制作效率与工艺品质，还使传统工艺品更适合现代人的消费需求和审美偏好。

在设计理念上，当代再创造强调传统工艺与现代生活方式对接，通过创新的形式语言让传统元素与现代审美相融合。传统刺绣技法在当代服装设计中被重新诠释，通过将传统花鸟图案与现代服装的立体剪裁相结合，既保留了刺绣技艺的精致与韵味，又赋予其现代时尚的功能性与表现力。传统漆器工艺通过引入当代艺术观念，采用新型材料与色彩搭配，形成具有前卫气息的装饰品与艺术装置，使其成为当代艺术领域的重要创作形式。

传统工艺的当代再创造还体现在文化传播与市场推广中。通过跨文化合作与数字化传播手段，传统工艺逐渐进入全球市场，吸引了更多的关注与认同。具有浓郁的民族特色的少数民族银饰工艺，通过现代品牌设计与国际化营销渠道，成为时尚产业中的独特亮点；景泰蓝工艺通过与现代艺术家合作，打造出具有当代艺术气息的作品，从而吸引广泛的受众群体。这种世界化视角下的再创造，不仅推动着传统工艺的复兴，还加强了文化交流与共享。

综上，传统工艺的当代再创造是其适应时代审美需求、延续文化生命力的关键方式。通过技艺、设计、传播的全方位创新，传统工艺不仅能保持其原有的文化价值，还能在新历史语境中展现其多样化的可能性。这既是对传统的保护，也是对未来的开拓，体现着传统工艺在现代社会中的持久活力与审美魅力。

（二）审美风尚与社会审美观的互动

审美风尚与社会审美观的互动是传统工艺在不同历史阶段不断发展的关键驱动力，也是其审美价值在时代变迁中得以延续与重塑的关键所在。社会审美观作为特定历史文化背景下人们对美的集体认知，深刻影响着传统工艺的设计理念、表现形式、审美取向，传统工艺创新与表达又反作用于社会审美观，推动其不断演变。明清时期家具设计深受儒家文化影响，注重中正平衡与简约典雅的造型风格，不仅迎合着当时社会对和谐美的追求，也通过工艺品的广泛传播塑造了社会的审美偏好。随着社会审美观的变化，传统工艺品设计风格也在不断调整，如清代中晚期西方文化的传入对传统工艺装饰风格产生深远影响，出现了兼具中西方文化特点的装饰纹样与色彩搭配。

审美风尚与社会审美观的互动还表现在传统工艺品的功能性与艺术性双重实现上。随着社会经济发展与人们生活方式的改变，审美风尚逐渐从单一的实用需求转向实用与美感兼具的综合需求。传统刺绣工艺在满足服饰与家居装饰的实用性之外，精致的纹样和丰富的色彩开始彰显个人品位与文化认同，成为象征身份和表达情感的媒介。这种转变既体现着工艺品从实用品向艺术品过渡，也推动着社会审美观从功能性审美向精神性和象征性审美拓展。

在当代，审美风尚与社会审美观的互动更加紧密，传统工艺通过与现代生活方式结合不断适应新的审美需求。传统陶瓷工艺不仅继续发挥实用功能，还被赋予了艺术化的表达，成为现代家居装饰与时尚产品的元素。这种重新诠释的陶瓷艺术反过来影响着当代审美风尚，促使人们重新关注手工艺品的文化价值与艺术特质。这种互动关系表明，社会审美观并非一成不变，而是在与传统工艺的交互中不断吸收新元素与新内涵，从而呈现出更为多元化的美学表达。

此外，审美风尚与社会审美观的互动在文化认同与经济全球化进程中表现得十分明显。传统工艺通过融入当代设计理念与国际市场传播，逐渐成为全球文化交流的关键媒介。中国的青花瓷纹样在现代设计中被应用，其独特的东方美学特质不仅深刻影响着国际时尚界，也在全球范围内提升了传统文化的认知度。这种互动促进传统工艺的审美价值在全球范围内传播，同时也让社会审美观因跨文化交融而更加丰富与多样化。

综上，审美风尚与社会审美观的互动是传统工艺不断创新发展的基础。通过与社会需求、文化趋势、全球审美变化对话，传统工艺不仅延续了传统工艺的文化根基，还被赋予了新的时代意义，产生了更多的艺术表现形式。这种双向互动，不仅彰显着传统工艺的活力与适应性，也为社会审美观的演进提供了新视角。

（三）传统工艺审美价值的全球传播

传统工艺审美价值的全球传播既是其在现代语境下焕发新生的关键途

径，也是促进文化多样性与全球文化对话的关键方式。传统工艺作为民族文化的集中体现，通过视觉语言与工艺技法展现深厚的历史积淀与独特的审美理念。这种审美价值在发展进程中，因独特性与文化内涵的深厚而受到关注与喜爱。中国青花瓷以清新雅致的纹饰和细腻的釉色，在全球范围内形成了具有标志性的东方美学符号。通过历史贸易与文化交流，青花瓷成为连接东西方文化的桥梁，美学价值在不同文化背景中得到了充分欣赏与再创造。在当代语境下，传统工艺全球传播不仅依赖贸易渠道延续，还通过跨文化合作与数字化传播手段得到拓展。国际设计师、品牌将传统工艺元素融入现代设计，以创造具有全球吸引力的产品。传统刺绣精细工艺与现代服装设计融合，使其不仅在时尚界享有盛名，而且通过国际舞台向世界展示了中华文化的艺术成就。数字化技术应用使传统工艺传播方式更加多样化，通过短视频、虚拟展览、在线商城等平台，使传统工艺以更低的门槛进入全球市场，吸引广泛的受众。

此外，传统工艺全球传播以国际交流活动与文化项目为载体，深化其审美价值的展示与认同。非遗保护机制推动，以及全球范围内手工艺展览与交流项目，为传统工艺提供了跨越地域的展示机会。中国的景泰蓝、苏绣等工艺品通过参与国际博览会与艺术节，不仅提升了其在全球文化市场中的地位，还加强了不同文明之间的理解与尊重。

传统工艺审美价值在全球传播中实现从"本土"到"世界"转变，独特的文化符号与艺术表达为全球审美体系增添了丰富性。这种传播不仅促进了传统工艺文化复兴与商业价值提升，也彰显了其作为人类共有文化遗产的关键地位。通过这种全球传播，传统工艺得以在广阔的文化背景下延续其生命力，深化了人类对多样化美学表达的理解与认同。

传统工艺传承的现状

一、非物质文化遗产保护现状

（一）国家政策与法律保障的落实现状

国家政策与法律保障是传统工艺传承的关键支柱，在实际落实中仍存在诸多问题。近年来，中国为保护传统工艺颁布了一系列政策法规，如《中华人民共和国非物质文化遗产法》《中国传统工艺振兴计划》。这些法规从政策层面确立了保护非遗法律地位，明确了各级政府在保护、传承、发展传统工艺中的职责。在实践中，这些政策落地效果因执行力度不足、资源分配不均等问题而打了折扣。地方政府在非遗保护中存在政策执行不到位的现象，非遗保护更是停留在文件层面，未能形成有效的监督、落实机制。政策倾向对国家级非遗项目的保护，地方级、县市级项目往往被忽视，造成资源集中化现象，部分传统工艺得不到应有的重视支持。传承人与工艺团体对法律政策认知程度不高成为制约因素。部分传承人缺乏对相关法规的了解，从而在权益保护和文化传播中面临困境。例如，部分传统工艺品的知识产权保护问题较为突出，工匠、传承人难以通过法律途径维护自身权益。尽管国家在知识产权保护方面做出了努力，但在传统工艺领域，实施与普及仍显不足。针对非遗保护的专项资金支持在分配、管理上也存在诸多问题。部分地方政府将资金用于项目包装而非实质性的工艺传承工作，无法缓解工匠群体面临的经济困境。

（二）非遗名录体系建立与实施效果

非遗名录体系的建立是保护传统工艺的重要举措，但其实施效果在实际操作中表现出一定的两面性。自2006年《第一批国家级非物质文化遗产名录》公布以来，中国建立了以国家级、省级、市级、县级为层级的非遗名录体系。在梳理传统文化资源、提高公众保护意识、推动政策支持方面发挥着关键作用。国家级非遗名录包括刺绣、景泰蓝、木版年画等具有代表性的传统工艺，这些项目通过列入名录获得了更多的关注与资源支持，为传承工作创造了良好的条件。名录体系实施在实际操作中也暴露出一些问题。一方面，名录评选标准不完善，部分传统工艺因缺乏文化包装、宣传，未能进入名录体系，造成资源向热门项目倾斜，部分濒危工艺失去了有效保护机会。另一方面，名录项目入选过于注重其文化符号意义，而忽视了其经济价值与实际传承状况。例如，一些入选项目虽然具有很强的文化象征意义，但其传承人断层严重，技艺濒临失传，而名录体系对后续保护与传承缺乏足够的可操作性，导致"入选即终点"现象。此外，非遗名录在实际实施中存在"重申报、轻落实"的问题。部分地方政府将非遗名录作为文化政绩工程，在获得名录资格后，对后续保护工作投入有限，这种现象不仅影响了名录的实际效果。

（三）地方与社会力量的保护实践

地方与社会力量参与是传统工艺保护的关键补充，其在非遗保护中发挥着独特作用。各地根据自身文化特点，结合实际需求，积极探索多样化保护方式。例如，贵州通过政府主导与民间参与相结合的模式，成功推动了蜡染、苗绣等少数民族工艺的保护与发展。地方政府在推动非遗保护过程中，通过举办工艺展览、非遗节庆、技能比赛，增强了传统工艺的社会关注度，也为工艺传承人提供了展示交流的机会。社会力量，尤其是文化机构和非营利组织，在传统工艺保护中也起着关键作用。一些社会组织通过设立非遗保护基金，支持濒危工艺项目的传承工作；文化企业通过与工匠合作，将传统工艺融入文创产品设计，使其获得广泛的市场认同。教育机构、博物馆也在保护实践中发挥积极作用；通过举办工艺培训班、设立非遗研究中心、开展专题展览，培养了更多对传统工艺感兴趣的年轻群体。尽管地方与社会力量在非遗保护中取得了积极成效，但仍面临诸多挑战。例如，部分地方政府的保护工作受资源限制与经济压力影响，无法全面覆盖所有项目；部分社会组织因缺乏长期资金支持，难以维持持续性保护工作。

二、传承人群体的现状分析

（一）传承人断层与传承机制的衰退

传承人断层与传承机制的衰退是当前传统工艺传承面临的主要困境，严重威胁着非遗的可持续发展。在现代化、城镇化推进背景下，传统工艺赖以生存的文化生态逐渐被破坏，传承人数量急剧减少，断层现象越发显著。部分年轻人由于传统工艺的经济回报低、劳动强度大、社会认知度有限，不愿意继承这些技艺，致使大量工艺濒临失传。在偏远地区与少数民族社区，传承人多为高龄工匠，他们所掌握的技艺没有后继者，部分技艺在传承人去世后随之消失。

传承机制衰退加剧传承人的断层问题。传统工艺传承多依赖家庭传承或师徒制，这种模式虽然曾在长时间内有效维系着传统技艺的延续，但在现代社会中已显现出局限性。家庭传承模式受人口流动与年轻人外出就业的冲击；师徒制因缺乏系统性和政策保障，也难以满足现代传承的需求。传承人培养和保护的相关政策在具体落实上仍存在不足，激励机制缺乏、经济支持有限、对传承人的社会保障不够，导致部分传承人无法专注于技艺传承。

知识产权保护的薄弱与市场开发的不足也使传承人面临更大的困境。部分传统工艺的技艺与产品被商业化利用，传承人却未能获得应有的回报，削弱了他们对传承工作的信心和动力。为应对危机，需在政策、教育、市场等方面采取综合措施。一方面，加强对传承人的经济扶持和社会保障，鼓励他们积极投入技艺传承；另一方面，通过现代教育体系和职业培训介入，扩大传承规模，引导年轻一代重新认识传统工艺的文化价值和市场潜力，从而缓解断层现象，实现传统工艺的可持续传承。

（二）师徒制传承的局限与优势

师徒制作为传统工艺传承的核心模式，在历史上发挥着关键作用，在现代社会中呈现出独特优势与显著局限性。优势在于，它以"一对一"或"小范围"传授方式，将技艺的细节与文化内涵直接传递给下一代，确保传统技艺的纯粹性、完整性。通过长期的共同学习和实践，徒弟不仅能熟练掌握技法，还能深刻领会工艺的精神内涵与美学理念。这种模式注重个性化培养，使每一位徒弟都能得到基于自身特点的专门训练，从而精益求精。在刺绣、木雕等需要极高技艺的工艺中，师徒制通过手把手教学，保证技法的高水平传承，形成了代代相传的匠心文化。

师徒制局限性在现代社会中更加凸显。首先，这种模式因教学规模小且周期长，难以满足当前对大规模培养传承人的需求，在部分濒危工艺中，仅靠个别传承人无法有效扩大传承群体。其次，随着社会经济结构变化，部分师傅由于经济压力，无力承担培养徒弟的时间成本，徒弟也因工艺职业的收入不高、社会地位较低而望而却步，造成师徒制传承动力不足。现代化教育的兴起与生活方式的转变，使年轻人倾向于选择快捷和现代化学习途径，从而削弱了师徒制的吸引力。

尽管如此，师徒制在某些方面仍然具有不可替代的价值。其不仅是一种技能传授的方式，也是工艺文化与职业伦理的载体。为弥补局限性，可将师徒制与现代教育相结合，通过政策扶持、资金支持、课程整合等方式，促进师徒制的现代化转型。

（三）现代化教育对传承人培养的作用

现代化教育在传统工艺传承人培养中具有重要作用，为技艺延续与创新提供了系统化、规模化解决路径。相比于传统师徒制或家庭传承，现代化教育通过规范化课程设计与教学体系，为传承人培养提供了广阔的平台。高等院校逐步开设传统工艺相关专业，如陶瓷设计、织锦工艺、漆器制作等，通过理论与实践相结合，不仅可帮助学生掌握工艺技能，还引导他们深入理解工艺背后的文化内涵与历史价值。现代化教育在传承过程中注重与时俱进，通过融入设计学、市场营销、数字技术等跨学科知识，为传承人提供多元化的发展视角，培养其适应现代社会需求的综合能力。

现代化教育优势体现在传承效率与传播范围提升上。通过课程的系统化设计，教育机构能在较短时间内向学生传授传统工艺的核心技艺，缓解传承人数量不足的问题。例如，部分职业院校采用"工坊式教学"模式，将课堂教学与实践操作紧密结合，使学生在真实场景中快速掌握技艺要领。现代化教育平台通过数字化工具与虚拟仿真技术，打破了时间与空间的限制，为远程教学与在线学习提供了可能。

现代化教育在实施中也面临一些问题。部分专业课程过于侧重技艺训练，而忽视了文化背景与精神内涵的传递，造成学生难以全面理解传统工艺的深层价值。部分教育机构缺乏经验丰富的师资力量与专业的设备，教学质量难以保障。为此，现代化教育需要与传统师徒制结合，邀请资深传承人参与教学，同时注重文化知识的渗透，以弥补纯技术教学的不足。

三、传统工艺的产业化与市场化困境

（一）工业化对传统工艺的冲击与挑战

社会工业化发展对传统工艺构成了冲击和挑战，核心体现在生产方式、市场需求、社会价值观的转变上。工业化生产强调规模化与高效率，与传统工艺品手工制作方式形成了强烈对比。机械化引入使大批量生产的工艺品以较低的成本迅速占领市场，传统工艺品因制作周期长、成本高而难以与之竞争，逐渐失去了价格优势。工业化产品标准化特性稀释了消费者对传统工艺独特性的认知，加剧了传统工艺的边缘化。现代机械印花技术大规模替代了传统手工印染工艺，造成许多印染技法濒临失传。工业化还改变着人们的审美偏好与消费习惯。消费者对快消品和低价商品的需求增加，对具有深厚文化内涵的传统工艺品的重视程度降低。传统工艺品因价格较高、实用性不足，在现代消费市场中被视为"奢侈品"或"非必要品"，难以触及广泛的消费者群体。工业化生产带来的资源集约化和环境影响，也对传统工艺赖以生存的自然资源与生态环境造成了破坏。例如，手工竹编、木雕工艺因原材料短缺而面临生产困难。

要应对工业化带来的冲击，传统工艺需从技术创新、市场拓展、价值传播等多个维度实现转型升级。通过与现代技术结合，提升制作效率，降低成本，使其具备一定的竞争力。

（二）传统工艺品市场定位的模糊性

传统工艺品市场定位模糊性是产业化发展的主要障碍。由于传统工艺在本质上兼具文化产品与实用品双重属性，在市场中的定位不够清晰。一方面，作为文化产品，传统工艺品承载着深厚的历史记忆与民族文化，这种文化属性价值往往难以量化，造成消费者对其价格与价值的认知存在较大差距。例如，手工刺绣价格高昂会被认为"不合理"，忽视了其复杂技艺与时间成本。另一方面，作为实用品，传统工艺品在功能性、实用性方面难以与现代工业制品相比，削弱了其市场竞争力。此外，市场对传统工艺品的目标消费群体也缺乏明确界定。传统工艺品消费主要集中于高收入人群与特定文化爱好者，未能有效吸引大众消费者。部分工艺品因定价过高而被贴上"高端艺术品"标签，进入小众化市场，限制着传统工艺品产业规模的扩大。由于缺乏专业的市场调研与消费者需求分析，传统工艺品在设计、包装、推广上往往缺乏现代化视角，难以适应年轻一代对时尚和个性化的追求。

（三）文化创意产业对传统工艺的驱动作用

文化创意产业的兴起为传统工艺提供了新的发展契机，通过将文化内涵融入现代设计与市场运作，为传统工艺产业化与市场化注入了新动力。文化创意产业强调创意与内容深度结合，通过挖掘传统工艺的文化精髓，将其转化为具有现代消费价值的产品，为传统工艺在当代社会中找到新的市场定位。在文创产品设计中，传统纹饰与技法被巧妙地融入现代时尚单品，如服装、家居用品、首饰等，使传统工艺品不仅成为文化符号，还具备实用性、时尚感。文化创意产业通过跨界合作与技术创新推动传统工走向多样化、国际化。博物馆与文化企业合作开发非遗文创产品，将传统工艺与品牌联名，推出限定系列，吸引更多年轻消费者的关注。数字技术应用，如三维（3D）打印与虚拟现实（VR），为传统工艺提供了新的创作工具与展示方式，使其能广泛地与现代设计理念相结合。通过电商平台与社交媒体，文化创意产业能为传统工艺品提供更大的市场曝光率与销售渠道，实现其与消费者的高效对接。尽管文化创意产业为传统工艺注入了活力，但也存在一些需要警惕的问题。在商业化过程中，部分传统工艺文化内涵可能被简化甚至消解，导致其艺术价值与文化意义被弱化。为此，文化创意产业在开发传统工艺产品时，需始终坚持对其文化精髓的尊重与传承，注重品质与创意的平衡。通过在文化与市场之间找到最佳结合点，传统工艺能在文化创意产业的驱动下焕发出全新的生命力，在全球市场中建立起更加鲜明的文化标识。

四、现代传播与教育对传承的影响

（一）新媒体传播对传统工艺的推动

新媒体传播对传统工艺的推动主要体现在提升曝光率、拓展受众群体、推动创新表达等方面。在数字化时代，社交媒体、短视频平台、直播成为传统工艺传播的关键渠道。通过新媒体平台，传统工艺能以生动、直接的方式向公众展示制作过程、工艺细节、文化内涵。部分非遗传承人通过短视频展示复杂的刺绣技法或陶瓷制作过程，让观众直接感受到传统技艺的精湛与魅力，从而吸引更多人关注支持。直播平台的兴起还使传承人与消费者实现了实时互动，通过直播带货等形式，传统工艺品的市场需求得到显著提升。

新媒体传播可打破时间、空间的限制，使年轻人了解、接触传统工艺。以往因地理隔离而难以获得关注的偏远地区传统工艺，通过新媒体平台迅速吸引国内外观众。例如，苗族刺绣、蜡染等少数民族工艺借助网络传播，不仅可实现传统文化的推广，还推动着地方经济发展。新媒体技术多样性为传统工艺提供了全新的表达方式，如通过虚拟现实、增强现实技术，让观众沉浸式体验传统工艺的制作过程。

（二）工艺教育在院校与职业培训中的现状

当前的工艺教育在院校与职业培训中体现出一定的进步，但仍存在诸多不足。近年来，高校逐渐认识到传统工艺教育的重要性，开设了非遗研究、设计工艺、传统技法课程。这种教育模式通过理论与实践相结合，使学生不仅学习技艺操作，还能理解工艺背后文化内涵。部分美术学院、设计院校通过工坊式教学，让学生在实际操作中掌握雕刻、刺绣、陶瓷制作等技艺，为传统工艺培养了一批具备现代视野的新生力量。职业院校与短期技能培训项目也在推动传统工艺传承方面发挥着积极作用。职业培训通过模块化课程，帮助更多人快速掌握基本技艺，也推动着一些濒危工艺的复兴。地方政府与职业院校合作推出针对性强的技艺课程，为乡村居民、返乡青年提供就业机会。这类培训课程受限于资源分配与市场需求，仅能针对部分工艺展开，难以全面覆盖传统工艺传承需求。尽管取得了诸多成绩，但工艺教育整体发展仍面临问题。部分院校课程设计过于学术化，偏重理论而忽视实际操作，造成学生难以在短期内达到熟练水平；职业培训因教学设施不足与师资短缺，在课程深度上存在局限性。此外，部分教育项目对工艺的文化背景与精神内涵重视不足，从而造成传承知识体系不完整。

（三）文化节庆与体验活动的传承作用

文化节庆与体验活动为传统工艺传承提供着实践平台与传播渠道。这些活动通过展示传统工艺技艺、文化内涵，拉近公众与非遗之间的距离。地方性非遗节庆活动中，传统手工艺展览与现场制作表演成为核心内容，让观众能直接感受到刺绣、剪纸、木雕等技艺的独特魅力。在强互动性的环境下，公众不仅可成为观赏者，也能通过亲身体验加深对传统工艺的理解与兴趣。体验活动还为传统工艺创造了新的市场价值。在非遗体验基地与文化旅游项目中，传统工艺以手作课程形式融入游客的文化体验。这种方式不仅为工匠提供了展示与传播技艺的平台，还通过互动过程增加了工艺品附加值。例如，在陶艺制作体验中，游客通过亲手制作简单陶器，感受到传统工艺的复杂性和艺术性，从而提升对传统工艺文化价值的认同感。文化节庆与体验活动的优势在于高效聚集资源与吸引关注，但也存在诸多问题。部分活动过于注重商业化运作，忽视了文化深度表达，造成传统工艺被简化为表演性项目，缺乏可持续的传承意义。部分体验活动设计流于表面，未能系统性地传递传统工艺的技艺精髓与文化内涵。未来，可通过加强节庆活动的内容策划与体验设计，使传统工艺在文化传播和公众教育中发挥更大作用。可以通过与教育机构合作，将节庆活动转化为常态化的教育资源，从而推动传统工艺传承与发展。

五、国际化背景下的工艺传承挑战

（一）经济全球化语境对本土文化的冲击

基于经济全球化语境下，本土文化在与外来文化碰撞和交流中，虽然获得了传播机会，但也面临着被稀释与同质化的风险。传统工艺作为本土文化的关键载体，传承深受经济全球化的多重影响。一方面，经济全球化带来了文化多样性交流，使传统工艺有机会走向国际市场，赢得广泛的关注和认可。通过国际展览、博览会、数字传播，部分传统工艺逐渐进入全球视野，成为跨文化交流的重要符号。整个过程中，本土文化的独特性受到全球消费主义与工业化标准的冲击，造成传统工艺的原真性被削弱。另一方面，经济全球化使现代化消费观念逐渐取代传统审美价值，也造成传统工艺在本土市场中的生存空间被挤压。工业化、标准化生产的廉价替代品大规模占领市场，传统工艺因制作成本高、生产效率低而难以与之竞争，逐渐失去本地消费者的青睐。国际市场对传统工艺的理解局限表面的符号化表达，忽视了工艺背后的文化语境与深层内涵，使其在全球传播中容易变得单一和片面。应对经济全球化语境的冲击，需以文化自信为基础，通过政策支持、教育推广、国际宣传，强化传统工艺的本土认同感与文化价值。推动传统工艺在保留文化核心前提下，与现代设计和市场需求相结合，探索适应经济全球化的可持续发展路径，确保其在国际化过程中保持文化根基与艺术特色。

（二）国际合作中的文化挪用问题

国际合作为传统工艺传播与创新提供着关键机遇，但也引发文化挪用问题。全球文化市场中，传统工艺被跨国企业或设计师视为灵感来源，而传统工艺原本的文化背景与精神内涵却统统被忽视甚至剥离。例如，部分国际时尚品牌将传统工艺中的纹样和符号直接用于服装设计，却未尊重文化意义，也未给予传承人应有的认可与利益回报。未经授权使用，不仅使工艺文化价值被过度商业化，还会引发文化主权与知识产权的争议。

文化挪用问题表现为对传统工艺的片面化改造。部分跨国合作项目为了迎合全球消费者的偏好，对工艺形式进行大幅简化或再设计，使其丧失了原有的历史积淀与艺术特质。在手工编织领域，部分国际品牌的设计方案表面上延续了传统技法，但实际上已经背离了传统工艺的核心精神，这种现象引发文化圈对其真实性和合法性的质疑。为避免国际合作中出现文化挪用，须建立清晰规则与机制。一方面，需加强对传统工艺知识产权的保护，通过国际法律框架和双边协议，明确文化资源的使用权限与利益分配；另一方面，要推动传承人与国际合作方的直接对话，让工匠与文化创造者参与到设计与推广的全过程中，从而确保合作成果兼具商业价值与文化尊重。

（三）传统工艺在全球文化市场中的角色

传统工艺在全球文化市场中扮演着多重角色，既是民族文化象征，也是跨文化交流的关键媒介。随着全球对多元文化与可持续发展重视，传统工艺逐渐成为国际化的文化产品，艺术价值与文化意义受到广泛认可。例如，刺绣、陶瓷、竹编等传统工艺因其手工制作的独特性与背后的文化故事，受到国际时尚、设计、艺术界的青睐。这些工艺通过展览、艺术节、跨界合作，在全球市场中彰显着不可替代的魅力。传统工艺在全球文化市场中也面临复杂角色定位。一方面，被视为手工艺术的代表，吸引高端市场消费者的兴趣；另一方面，其日常化、普及化程度较低，故而难以在大众市场中获得足够关注。此外，全球消费者对传统工艺文化背景的了解有限，使其传播效果多停留在视觉冲击层面，未能深入展现工艺的历史价值与社会意义。为使传统工艺在全球文化市场中发挥作用，要采取多层次的推广策略。可通过文化外交与国际展览，加强传统工艺的文化叙事与形象塑造，使其从视觉符号转变为文化体验；同时，需要积极参与跨界设计与创意合作，让传统工艺融入时尚、科技、现代艺术的语境，吸引多元的消费者群体。通过拓展传统工艺国际市场角色，不仅可以实现文化与商业的双赢，还能为全球文化多样性做出积极贡献。

第二章

现代服饰的基本概述

第一节

现代服饰的概念

一、现代服饰的定义与分类

现代服饰是指以服装为主体，融合多种设计元素与装饰功能，既满足实用需求，又承载艺术表达的穿戴物品。核心特征在于功能性与艺术性的融合，不仅关注材料实用性与技术创新，还强调美学表达和文化传递。现代服饰与传统服饰的主要区别在于设计理念的多元化、制作工艺现代化及使用场景广泛性。根据功能与用途，现代服饰可分为日常服饰、职业服饰、运动服饰、特殊功能服饰等。日常服饰以舒适性与实用性为主，适合日常生活的多样化场景；职业服饰强调专业性与礼仪性，体现特定职业的规范与文化；运动服饰注重人体工学与功能性设计，以支持运动表现为核心目标；特殊功能服饰包括智能服饰、防护服饰等，主要满足特定领域的需求，如健康监测、环境防护、特种作业。现代服饰的分类还可依据设计风格进行划分，例如，极简风格、复古风格、潮流先锋风格，能反映出消费者在不同文化与个性表达中的选择倾向。这种分类体系展现了现代服饰在满足功能需求的同时，被赋予了深刻的文化内涵与时尚意义，使其成为现代生活中不可或缺的元素。

二、现代服饰的功能性与艺术性

现代服饰的功能性与艺术性是核心价值的双重体现，二者在设计与制作中密切交织，构成了现代服饰的独特魅力。功能性是现代服饰的基础，主要包括对人体的保护、舒适性、特定场景的适用性。运动服饰强调透气性、弹性与耐用性，满足身体活动需求；防护服饰则注重材料安全性与特殊性能，如防水、防火、抗菌。随着科技进步，现代服饰功能性得到了扩展，智能穿戴设备成为典型代表，通过集成传感器、智能芯片，实现健康监测、环境数据采集等多样化功能。艺术性是现代服饰的灵魂，在材质、色彩、造型与纹样运用中体现出丰富的美学价值。设计师通过创新手法，将传统工艺与现代美学相结合，为服饰注入独特的文化内涵与视觉冲击。民族刺绣的纹样与色彩通过现代剪裁焕发新生，使传统艺术成为时尚表达的关键元素。现代服饰艺术性也体现在个性化与多样性上，不同风格、主题与材质为消费者提供了多元的审美体验。功能性与艺术性结合是现代服饰设计的关键。成功的设计不仅要满足实用需求，还要赋予产品独特的审美特质，使其在满足消费者物质需求的过程中，也能满足其精神层面的愉悦和文化认同。这种结合强调创新思维与技术应用的协同发展，使现代服饰不仅是单纯的生活物品，更成为文化传播、身份表达、时代审美的媒介，体现出功能与艺术相辅相成的价值统一。

三、社会文化与个人表达的结合

社会文化与个人表达的结合是现代服饰设计的关键特征，也是其超越功能性与美学表现的文化价值所在。现代服饰不仅反映着社会文化的集体记忆与价值观，还通过个性化设计满足着人们对自我表达的需求。在社会文化层面，服饰成为特定时代背景下社会风貌的象征，通过款式、色彩、图案等元素记录并传递历史、民族、宗教、地域文化。例如，具有民族特色的纹样与传统工艺在现代服饰中的复兴，既体现着对传统文化的尊重，也彰显着社会对多元文化的认同与珍视。时尚潮流中不断出现的跨文化融合设计，折射出经济全球化背景下文化交流与互鉴的趋势。在个人表达层面，现代服饰被赋予鲜明的主观性与情感诉求。设计师通过剪裁、图案、材质的创新，赋予服饰多样化的风格选择，为消费者提供表达个性、品位和身份的载体。例如，极简风格服饰反映出消费者对精致生活与低调审美的追求，解构主义设计则成为张扬个性和表达不羁态度的媒介。此外，现代服饰中的定制化服务和限量款设计，满足消费者对专属感和独特性的渴望，使个人表达意图得以更加精准地呈现。社会文化与个人表达的结合体现在服饰对群体与个体需求的双重满足，其不仅是生活必需品，也是情感传递和文化交流的工具。这种结合为现代服饰产品注入了深厚的文化内涵与情感价值，使其在传承与创新中不断焕发新的生命力。通过连接社会文化与个人表达，现代服饰能够展现出其作为文化载体和艺术形式的综合价值。

第二节

现代服饰的设计原则

一、美学与实用性的统一

　　美学与实用性的统一是现代服饰设计的核心原则，体现着功能需求与审美表达的协调发展。现代服饰不再仅追求实用性或单纯的视觉效果，而是将两者有机结合，使服饰既满足功能需求，又具备审美价值。从美学角度看，服饰设计通过色彩、材质、纹样与造型等元素的创新，赋予产品独特的视觉吸引力。简约设计强调线条与比例的精致感，复古风格通过传统元素的再现带来文化的厚重感。这种美学表达通过设计师的创造性思维，使服饰在视觉上具有艺术感染力，并能反映佩戴者的品位与个性。

　　实用性作为服饰基本属性，是设计过程中的关键考量。舒适性、耐用性及对使用场景的适应性决定着服饰的实用价值。运动服饰需要注重人体工学设计，通过弹性面料与透气结构提升穿着体验；户外服饰强调防水、防风与耐磨性能，以满足特定环境下的功能需求。随着科技进步，智能化元素逐渐融入现代服饰设计，使现代服饰具备健康监测、温度调节等附加功能，拓展了现代服饰的实用性。

美学与实用性的统一要求设计师在功能实现与形式表达之间寻找平衡。一方面，功能设计需要服务于日常使用的实际需求，确保穿戴舒适性、便捷性；另一方面，审美创新需通过形式语言体现文化内涵与时代精神，使产品具有更深层次的情感与文化意义。成功的现代服饰设计不仅可满足消费者的功能需求，还通过美学语言提供情感价值与文化认同感，体现了技术与艺术的完美结合。这种统一为现代服饰市场竞争力提供了强有力的支持，也为现代服饰文化价值的传播注入了新的可能。

二、环境友好与可持续设计

环境友好与可持续设计是现代服饰设计的关键方向，也是当代社会对时尚行业提出的迫切要求。随着全球环境问题加剧，服饰设计不再仅追求视觉美感与实用性，而需融入对生态环境和资源利用的深刻考量。环境友好设计强调在生产过程中减少资源消耗与污染排放，优先选择可再生、可降解的天然材料，如有机棉、竹纤维、再生涤纶等，这些材料不仅对环境影响较小，还能保证服饰的品质与舒适度。服饰生产中的工艺改进也是关键，通过采用节能型制造技术与水资源循环利用等措施，减少生产对生态系统的破坏。可持续设计则更进一步，关注服饰产品生命周期延续性，倡导"设计即责任"的理念。从产品开发到废弃处理，每个环节都体现着对环境的尊重与保护。在设计阶段，注重产品的耐用性和多功能性，通过经典款式与高品质制作延长使用寿命、减少浪费。循环设计理念逐渐受到重视，设计师通过可拆卸结构和易回收材料应用，确保产品在使用结束后能进入再利用或再制造流程，从而构建闭环式的资源循环体系。环境友好与可持续设计不仅体现在材料与工艺选择上，还延伸至设计理念与消费者教育。设计师通过视觉语言传递环保意识，例如，通过自然纹样、低饱和度色彩和手工工艺的结合，彰显与自然和谐共生的理念。品牌也通过宣传、教育活动，引导消费者选择更加环保的服饰，提升对可持续时尚的认知。这种设计趋势不仅推动着服饰行业的绿色化转型，也为社会可持续发展提供了支持，体现着现代服饰产品设计在经济价值与生态责任之间的平衡。

三、个性化设计与市场需求的平衡

个性化设计与市场需求的平衡是现代服饰设计中的关键，也是其创新发展的关键方向。在消费升级与审美多元化的时代，消费者对服饰的需求已不再局限于功能性满足，而注重个性表达、独特性。个性化设计强调为消费者提供差异化的选择，通过独特的款式、定制化服务和新颖的设计语言，使产品能彰显佩戴者的品位与身份。例如，定制刺绣、限量款设计、私人定制服务逐渐成为高端市场的主流趋势，使消费者在服饰中获得独特的情感连接与身份认同。

个性化设计在满足个体需求过程中，也面临与市场需求平衡的问题。市场需求通常集中于大众化、标准化产品，这种规模化的生产方式能以较低成本覆盖更广泛的消费群体。个性化设计因其生产工艺复杂、成本高昂而难以大规模复制，导致产品价格较高，限制目标受众范围。过度强调个性化可能使产品脱离市场主流审美趋势，难以获得广泛的市场接受度。

为实现个性化设计与市场需求的平衡，设计师需在创新与实用之间找到最佳结合点。一方面，通过模块化设计与智能制造技术引入，将个性化需求融入标准化生产流程，例如，利用数字打印技术在短时间内实现纹样、图案的定制化生产；另一方面，基于市场调研与消费行为分析，精准定位目标人群，设计既满足个性化需求又兼顾大众化审美的产品。品牌可以通过多层次的产品线布局，将高度定制化、高价位的个性化产品与适应市场需求的标准化产品结合，满足不同层次消费者的需求。这种平衡不仅可提升产品的市场竞争力，也可为个性化设计提供广阔的实践空间，使现代服饰产品能在满足个体情感需求与市场商业价值之间实现双赢，为行业发展注入新活力与可能性。

第三节

||||||||||||||||||||||||||||||||

现代服饰的制作工艺

一、材料的选择与工艺的创新

材料的选择与工艺的创新是现代服饰制作的核心环节，直接影响产品的功能性、美观性、市场竞争力。在材料选择上，现代服饰注重综合性能与环境友好，故而逐渐从传统天然材料向高性能新型材料扩展。天然材料，如棉、丝、羊毛因舒适性与可持续性依然受到青睐；新型材料，如再生纤维、功能性面料（如防水、防紫外线和吸湿排汗面料）及智能材料则为服饰产品赋予了全新的应用场景。例如，智能温控纤维能根据外界温度调节热量传导，而再生涤纶不仅降低了资源消耗，还体现着环保意识，满足现代消费者对可持续发展的追求。

在工艺创新方面，现代服饰制作突破了传统手工艺的局限，通过引入数字化技术与智能制造，实现了设计与工艺的深度融合。数码印花技术通过精确的图案设计和色彩控制，不仅可提升生产效率，还可实现复杂的设计细节；3D打印技术在服饰结构与材料应用上提供了更多可能性，为实现个性化设计与批量化生产的结合提供了新路径。激光切割、无缝拼接等现代工艺也在不断优化服饰的制作流程，提升产品的舒适性与美观度。材料选择与工艺创新注重传统技艺与现代技术结合，充分发挥两者优势。例如，刺绣、手织等传统工艺在现代服饰中以精简的工序与现代化材料实现再生，使其既具有文化价值又适应市场需求。这种结合不仅保留了传统工艺的独特魅力，还通过创新工艺提升了制作效率，提高了品质控制能力。

二、手工与机械化工艺的融合

手工与机械化工艺的融合是现代服饰制作中的关键趋势，体现着传统工艺的文化传承与现代技术的高效生产之间的相辅相成。这种融合不仅满足了消费者对工艺品质与独特性的需求，还大幅提升了生产效率与市场适应能力。在制作过程中，手工工艺精致性与独特性为服饰注入了艺术价值，例如，精细刺绣、复杂编织、独特手绘工艺等，通过手工技法呈现细腻的细节处理与独特的设计语言，这些特质使手工工艺成为高端服饰与定制化设计的核心竞争力。手工工艺还能保留传统技艺的文化底蕴，为现代服饰赋予深厚的历史与文化内涵。机械化工艺通过数字化、智能化的生产手段，为大规模制造提供了可能。自动裁剪、数码印花、智能缝纫等机械化技术的应用，不仅可缩短生产周期，还能保持产品质量的稳定性。这些技术在实现批量化生产的同时，也降低了生产成本，满足市场对高性价比服饰的需求。机械化工艺能精准实现复杂设计的还原，为设计师创意表达提供了许多技术支持。手工与机械化工艺的融合为现代服饰的创新提供了新的可能性。在高端时尚领域，机械化工艺可以用来完成基础工序，复杂的装饰环节交由手工完成，从而兼顾效率与精致性。另外，部分机械化工艺通过模拟传统手工效果，如仿手工缝线或激光雕刻，也能提升大规模生产的艺术性。这种融合在保持传统文化传承过程中，推动着技术革新与市场扩展。

三、品控与高品质制作流程

品控与高品质制作流程是现代服饰设计与生产中的环节，直接决定着产品的市场竞争力与消费者满意度。高品质服饰不仅要在设计、选材上达到卓越标准，也要通过科学严谨的质量控制与优化的生产流程来确保成品完美呈现。品控体系贯穿整个制作流程，主要包括材料采购、生产加工、包装运输等每一个环节。在材料采购阶段，严格筛选符合环保与性能要求的优质原材料，通过实验室检测确保其色牢度、耐磨性、舒适性符合标准；在生产加工过程中，通过工艺监控和数据管理系统实时检测生产质量，如缝纫强度、剪裁精准度、细节处理的整洁性。高品质制作流程的核心在于技术和工艺优化。现代服饰生产中广泛应用数字化和智能化技术，如自动裁剪机、数字缝纫系统、智能检测设备等，不仅可提高生产效率，还能降低人为操作可能导致的误差。手工工艺在关键环节的介入，例如，精细装饰、刺绣点缀、个性化设计等则提升了产品的艺术价值与独特性。分工明确的流水线生产模式与多次检验的质量把控相结合，确保每一件服饰在出厂前都能达到最佳状态。包装、运输环节也是品控的关键部分。服饰包装设计需要在保护产品的基础上兼顾品牌形象，选择合理的包装尺寸与环保包装材料可以避免运输过程中的损坏，也能彰显品牌的专业性、责任感。运输过程中需严格监控温湿度、时间、物流路径，以此确保服饰以完美状态到达消费者手中。

第四节

现代服饰的发展趋势

一、技术与智能服饰的前沿发展

技术与智能服饰的前沿发展正在重新定义现代服饰的功能与价值，成为时尚行业最具潜力的创新方向。随着物联网、大数据、人工智能技术的不断进步，智能服饰逐渐融入日常生活，功能已从传统的穿着防护延伸到健康监测、运动辅助、互动体验等多维领域。例如，智能织物通过嵌入传感器与导电纤维，实现对心率、体温、运动状态的实时监测，为运动健康管理、医疗保健提供了重要支持。部分服饰品牌已推出带有温控功能的智能服装，能根据外界环境自动调节温度，提高穿戴舒适性、适应性。光纤技术的应用使服饰在夜间具备发光功能，为户外运动与特殊场景提供安全保障。智能服饰创新还体现在交互性与可穿戴科技的结合。部分高科技服饰通过蓝牙与移动设备连接，实现音乐控制、导航提醒等功能，为用户带来更多便利与个性化服务。基于虚拟现实和增强现实技术服饰设计，正在开创全新的穿戴体验，使服饰不仅具有物质层面的功能，还能提供虚拟场景中的互动。随着5G网络普及，这些技术的应用将更加广泛、高效，推动智能服饰在时尚与科技的交汇点上进一步发展。

二、消费者需求与市场偏好的变化

消费者需求与市场偏好的变化是推动现代服饰不断发展的动力，这种变化体现着多元化、个性化、可持续化的趋势。在消费升级与经济全球化背景下，消费者对服饰需求已经从单一的功能性满足转向兼顾审美价值、文化表达、使用体验的综合性考量。越来越多消费者希望通过服饰展现自我个性、生活态度、文化认同，促使品牌更注重个性化设计与限量款开发，以满足消费者对独特性、专属感的追求。数字化技术的普及推动着消费者定制服务的兴起，使个性化需求在市场中得以大规模实现。环保意识增强是消费者需求变化的趋势。消费者日益关注服饰生产过程中的环境影响，从原材料来源到生产工艺的环保性都成为购买决策的关键考量因素。这种需求推动着服饰品牌向可持续方向转型，采用有机棉、再生面料等环保材料，通过透明化的供应链管理展示其环境责任。此举不仅可满足消费者的伦理诉求，也可为品牌树立更具竞争力的市场形象。

市场偏好的变化还体现在对科技与智能化服饰的推崇上。消费者对功能性、科技感的兴趣持续增长，智能服饰逐渐成为市场热点。具备温控、健康监测、互动功能的服饰吸引注重生活品质的消费者。在运动与健康领域，简约风格理念也逐渐占据主流，反映着消费者对高效生活和精致审美的双重需求。这种需求与偏好的多样化对服饰品牌提出高要求，品牌需通过敏锐的市场洞察力与创新设计来满足消费者不断变化的期望。通过技术创新、文化融入、可持续实践，现代服饰能更好地适应市场变化，从而满足消费者需求，塑造品牌价值，为行业发展注入新活力。

三、经济全球化背景下的本土化创新

经济全球化背景下的本土化创新是现代服饰设计与发展的关键策略，体现着文化传承与国际时尚潮流之间的融合。基于经济全球化驱动下，服饰设计面临着多元文化的交汇与竞争。本土化创新通过挖掘地方文化特色，将传统元素与现代设计手法相结合，赋予服饰独特的文化内涵与市场竞争力。将民族刺绣、传统纹样、地方工艺融入现代服饰设计，不仅满足了全球市场对文化多样性的需求，也展现着本土文化的独特魅力。这种创新方式在彰显文化自信过程中，突破了单一的审美格局，使本土品牌在国际市场中更具辨识度。

本土化创新还强调技术与市场需求结合，通过将本地传统技艺与全球前沿技术相融合，实现传统与现代的双重价值。例如，部分服饰品牌利用数字化工具对传统手工艺进行现代化表达，使复杂的传统工艺得以高效再现，也符合当代市场的时尚需求。在材料选择与工艺改良上，本土化创新注重生态友好与功能性，以迎合全球消费者对可持续时尚的期待。例如，将地方特色材料，如手工染布、天然纤维与环保技术结合，既可突出本土资源的优势，又能满足国际市场的环保趋势。这种国际化与本土化互动在市场策略中十分重要。通过深度洞察目标消费群体文化背景与审美偏好，品牌能开发出兼具本土特性与全球吸引力的产品。例如，在亚洲市场，传统工笔画风格纹样通过现代剪裁与色彩创新，被赋予了全新的时尚意义；在欧美市场，东方工艺的细腻与独特成为吸引高端消费者的关键元素。经济全球化背景下，本土化创新不仅是服饰设计的技术革新，也是文化价值的再发现与再创造。通过以本土文化为基础的创新实践，服饰品牌能在全球市场中塑造独特的文化形象，提升品牌附加值，为传统文化注入现代活力，也推动其在国际化进程中的传承与传播。

第三章

传统工艺在现代服饰
设计中的多元创新

第一节

造型创新

一、传统服饰造型元素的现代转化

传统服饰造型元素的现代转化是将历史文化与当代设计需求相结合的实践，通过对传统服饰结构与造型语言的提取与重构，为现代服饰注入独特的文化内涵与时尚气息。在传统服饰中，结构与造型不仅承载着实用功能，还蕴含着丰富的文化意义与美学价值，例如中式服饰的直线裁剪、对襟设计与立领造型，不仅体现着简约而富有张力的美感，也传递着东方含蓄内敛的文化精神。在现代转化中，设计师通过将经典造型元素与当代时尚理念相结合，创造出兼具传统韵味与现代风尚的品牌服饰。例如，将旗袍的高开衩设计与修身剪裁融入现代礼服设计中，既保留着传统服饰的典雅特质，又赋予其更符合当代审美的线条感与动态美。同时，传统服饰叠穿与层次设计在现代服饰中也得到全新演绎。例如，汉服的宽袖与交领设计通过材质的创新和比例调整，成为现代外套与礼服中的特色元素。这种设计在保持文化特征的同时，也增加了实穿性与视觉趣味性。传统服饰中对对称美与比例的考究，也在现代设计中成为美学参考，通过解构与重组能创造出富有设计感的服饰造型。在现代转化过程中，设计师注重将传统造型元素融入国际化设计语境，与国际时尚潮流对话。通过解构主义手法对传统服饰进行拆分与重构，使其与现代服装的动态剪裁与多功能设计相结合，创造出兼具文化意义与现代实用性的作品。这种转化不仅传承着传统服饰的精髓，还拓展了其在全球市场中的表现力，彰显着传统文化与现代时尚的深度融合。通过对传统服饰造型元素的现代转化，设计师不仅实现了传统文化的创新表达，也为现代服饰设计注入了新的创意动力与文化价值。

二、解构主义与传统服饰轮廓的结合

解构主义与传统服饰轮廓的结合是打破传统服饰结构固有框架、保留其文化特质的设计手法，体现着设计师对传统与现代创新的融合。解构主义作为全新的设计理念，强调对常规形式的拆解、重组、颠覆，其自由、非对称、多层次的表现形式为传统服饰轮廓的重塑提供了新的可能性。例如，中式服饰中，直线裁剪与宽松轮廓在解构主义的语境下，被重新拆分为非对称的结构模块，形成富有层次感与动态感的设计。这种设计既保留着传统服饰的内敛美学，又通过不规则剪裁与层叠效果展现着现代时尚的张力。在设计实践中，解构主义常通过拼接、错位、裁剪来重构传统服饰的核心元素。例如，传统汉服的交领设计与广袖结构被重新拆解后，融入现代服装廓型中，产生了不对称的领部与袖口造型。这种设计保留着传统服饰的文化符号，通过解构手法赋予其更多的表现力与现代感。解构主义还注重功能性与艺术性相结合，通过加入额外的装饰性细节或可拆卸的结构元素，服饰不仅具有多种穿着方式，还能适应多样化的场景需求。这种结合也为传统服饰的文化传播提供了新途径。在经济全球化背景下，传统服饰轮廓通过解构主义手法，得以更加符合国际时尚语言的表达方式，使其在多元文化的语境中被广泛地接受与认知。例如，传统旗袍的高开衩设计在解构主义的手法下，通过裁剪、材质的交错，形成具有雕塑感的廓型，在国际时尚界中获得高度关注。这种设计策略不仅延续着传统服饰的文化内涵，还通过现代化表现手法，为其注入了新的活力与时代意义。解构主义与传统服饰轮廓的结合，不仅是对传统工艺的继承与发展，也是对时尚设计语言的扩展与创新，为现代服饰设计提供了丰富的表达形式与文化价值。

三、动态结构与人体工学设计的融合

动态结构与人体工学设计的融合是现代服饰设计中的关键趋势，旨在通过结构设计与人体运动的高度契合，实现服饰在美观性与功能性上的双重优化。这种融合理念强调服饰的动态适应能力，即通过剪裁、材质、结构的设计，服饰能更自然地随人体动作而变化，为穿戴者提供更高的舒适度、灵活性。传统服饰中的动态结构元素，如汉服的飘逸袖摆、旗袍的高开衩等，在现代设计中通过人体工学的改良被赋予了新的生命力。例如，现代礼服常采用流线型剪裁和高弹性面料，使服饰既能保持视觉上的动感美，又能满足穿戴时的实际功能需求。人体工学设计在动态结构中起着关键作用，设计师通过对人体姿态和运动轨迹进行研究，将剪裁与缝制精确定位于关键活动部位，如肩部、肘部、膝部，从而确保服饰在动态条件下的结构稳定性与舒适性。例如，运动服饰中的拼接与立体裁剪技术，能根据肌肉群与关节活动区域的特点优化面料分布与接缝位置，使服饰能随动作进行扩展或收缩，有效减轻运动时的摩擦力与压力。动态结构创新不仅依赖人体工学，还与现代技术的进步密不可分。智能材料与可伸缩结构的结合，为动态设计提供了丰富的可能性。例如，具有形状记忆功能的智能面料，能根据温度或外力变化自动调整服饰的结构，以适应不同的活动需求。激光切割和无缝拼接等新工艺，使动态结构设计更加精确，可减少对传统缝线的依赖，从而提升服饰的动态表现力与整体美感。动态结构与人体工学设计融合，不仅在技术层面提高了服饰实用性，也通过视觉效果与穿着体验传递着现代设计的创新理念。它使服饰从静态美学转向动态美学，为设计师探索服饰与人体互动的无限可能提供了新空间，也为消费者带来了更符合需求的舒适与愉悦体验。

第二节

图案创新

一、传统纹样的数字化与图案重组

传统纹样的数字化与图案重组是现代服饰设计中将传统文化与当代科技相结合的创新手段，其通过数字化技术赋予传统纹样新的生命力与表现形式。这种创新过程以数字工具为核心，将传统纹样进行高精度的扫描、建模、重组，从而在保留原有文化内涵的基础上，探索更具现代感的设计表达。例如，传统刺绣中的几何纹样或吉祥图案，通过数字技术的细节放大与图形优化，能够实现更复杂的排列方式、色彩渐变，从而使纹样焕发出新的视觉效果。这种数字化技术的应用不仅拓宽了传统纹样的适用场景，也使其更加符合现代消费者的审美偏好。

数字化还使传统纹样的跨媒介应用成为可能，通过高精度打印、激光雕刻、3D纹理制作等技术，将传统纹样以丰富的形式呈现在不同材质与结构服饰上。例如，通过数字化处理瓷器花纹的传统蓝白配色，重新应用在现代丝绸或针织面料上，形成独具东方韵味的时尚单品。数字化技术能快速实现纹样的定制化和个性化，使消费者可以根据个人喜好选择纹样的组合与颜色搭配，从而提升服饰的市场吸引力。在图案重组方面，数字化技术为传统纹样提供了全新的创意表达方式。设计师通过数字工具对纹样进行拆解、变形、重新排列，使传统纹样从单一的文化符号转化为现代设计语言的一部分。例如，将传统纹样的对称结构打破，通过多层叠加与随机排列形成具有动态的图案；或将多个纹样进行融合，创造出全新的抽象形式。这种重组方式不仅提升了设计的灵活性，还使传统纹样在服饰中展现出更强的时尚感与艺术性。

传统纹样的数字化与图案重组，不仅推动着传统文化的现代化表达，也通过科技手段拓展了设计的可能性。在整个创作过程中，数字技术不仅是工具，也是传承与创新的桥梁，使传统纹样在服饰设计中呈现出更加丰富的创新空间与文化价值。

二、民族图案与全球时尚趋势的融合

民族图案与全球时尚趋势的融合是传统文化在现代服饰设计中实现国际化表达的关键路径，这种融合通过将民族文化符号与当代设计理念相结合，推动着民族图案从地域特色向全球审美的转变。民族图案作为传统文化的载体，承载着丰富的历史意义与审美价值，例如中国的云纹、缠枝莲纹，日本的和风几何纹样，以及非洲的几何色块图案等。这些图案因独特的文化背景与视觉张力，在国际化语境中展现出强大的吸引力。设计师通过简化、重组、抽象化这些图案，使其与国际化的时尚语言接轨，在保持民族文化内核的过程中，满足全球消费者对简约、前卫、多元化的审美需求。这种融合不仅更新了图案形式，还融入了国际时尚的流行元素。例如，将传统民族图案与流行的极简风格相结合，使复杂的纹样通过简化设计呈现出现代感；将鲜艳的民族色彩融入当代高级定制中，通过大胆的配色与材质混搭，创造出视觉冲击力强的时尚单品。民族图案的多样性与文化张力为现代服饰设计注入了深厚的文化底蕴，其与国际化审美的结合，使产品更容易被国际市场接受。此外，跨文化合作也是实现这种融合的方式。国际品牌与本地设计师或工艺传承人合作，将民族图案融入国际化品牌设计语境中。通过运用非遗刺绣技法制作高定服装，将少数民族传统纹样印制在时尚配饰上，不仅可提升民族图案的国际影响力，还可为传统文化带来商业价值与现代生命力。民族图案与全球时尚趋势的融合，不仅促进了传统文化的传播与复兴，也深化了服饰设计的多元表达。通过创新设计语言与推动广泛的文化交流，这些图案超越了地域和文化限制，成为国际时尚的关键组成部分，展现着传统文化在经济全球化时代的开放性、包容性。

三、传统图案的极简与抽象化表达

传统图案的极简与抽象化表达是现代服饰设计中对传统文化符号进行创新性演绎的手法，通过提炼传统纹样的核心元素与视觉语言，将其转化为更符合当代审美的设计形式。传统图案如云纹、莲花纹、回纹等，因历史厚重与文化内涵而具有独特的艺术价值。在现代设计语境中，复杂的图案可能与极简、实用的时尚潮流存在诸多矛盾。设计师通过对图案的简化与抽象处理，突出其关键的视觉特征，使其在现代服饰中兼具文化属性与时尚感。例如，将中国传统缠枝花纹的繁复细节转化为几何线条，形成简约却富有韵律的现代图案，在保留文化印记的过程中，更符合极简主义的设计趋势。这种极简与抽象化的表达方式，强调通过色彩与材质的配合来提升图案的表现力。传统图案在简化过程中，通过单色处理或低饱和度配色，弱化了纹样的厚重感，增强了其与现代服饰整体设计的融合度。通过使用具有透明材质、金属光泽或天然纹理的面料，图案的抽象形式在服饰中得以更生动地展现，从而赋予传统文化符号全新的视觉语言。例如，利用传统鱼鳞纹的排列规则，通过几何化处理与金属箔印工艺，设计出简约大气的时尚单品，使传统纹样焕发出符合当代审美的现代气息。此外，抽象化表达也为传统图案提供了跨文化传播的可能性。通过打破原有的文化语境与装饰目的，传统图案以抽象形态融入现代服饰设计，与国际化设计语言接轨，形成具有普适性的时尚符号。这种方式不仅拓展了传统图案的应用范围，还使其能在国际市场中被广泛接受与认同，提升了传统文化的全球影响力。传统图案极简与抽象化的表达，是现代服饰设计中传承与创新的有力体现，为传统文化在时尚领域的延续与重生提供了新可能。

第三节

面料创新

一、传统纺织技艺与现代科技面料的结合

传统纺织技艺与现代科技面料的结合是现代服饰设计中传承与创新的关键实践，体现了传统工艺文化价值与现代科学技术优势的深度融合。这种结合通过保留传统纺织技艺的独特魅力，融入科技材料的创新性能，为服饰带来了丰富的功能性与美学表达。例如，中国传统丝绸的柔滑质地与光泽感，通过与纳米技术的结合，开发出具有抗皱、防水、抗菌功能的改良丝绸，使其在高端时尚与日常服饰中均能得到广泛应用。传统染织技艺如蜡染、扎染与现代数码喷绘技术相结合，不仅可以提升图案的稳定性与色彩表现力，还可以缩短生产周期，满足现代服饰设计对效率与品质的双

重要求。同时，现代科技面料的引入还为传统纺织技艺提供了全新的设计可能性。例如，通过使用高分子材料和3D纤维编织技术，传统提花织物得以突破工艺局限，呈现出更加立体的纹理效果与动态的视觉表现。这种技术与传统织锦工艺相结合，不仅保留了传统面料的典雅特质，还赋予了其更强的实用性与时尚感。智能纤维的加入使得传统纺织品具备温控、导电等功能性特征，如加入石墨烯的传统麻布可以调节体温，为服饰提供更优越的舒适度与适应性。这种结合还体现在可持续发展的实践中，利用现代技术将传统纺织材料进行再生处理，如废旧蚕丝或棉纱通过重新纺织与染色，可以成为符合现代环保标准的可持续面料。这种可持续发展的实践不仅延续了传统纺织技艺的生态价值，还为服饰设计提供了更具环保意义的材料选择。传统纺织技艺与现代科技面料的结合，是文化与科技相互赋能的典范。它不仅通过技术创新推动传统工艺的现代化表达，还通过文化传承为现代服饰设计注入深厚的历史与艺术价值，在功能与美学的双重层面为服饰的未来发展提供了无限可能。

二、手工织物在功能性与美学中的新应用

手工织物在功能性与美学中的新应用是现代服饰设计中实现传统工艺与当代需求融合的重要探索。手工织物以独特的纹理、质感、文化内涵为现代服饰设计提供了丰富的创意来源，在功能性与美学表达方面展现出全新的可能性。在功能性方面，手工织物凭借精细的编织技法和天然材料的独特性能，为现代服饰带来了更高的实用价值。例如，手工编织的棉麻织物因其透气性、吸湿性、低过敏性而成为夏季服饰的理想选择，羊毛和羊绒等手工织物则因良好的保暖性与柔软触感而被广泛应用于冬季的服饰设计。通过与现代防护技术的结合，如加入抗菌、耐磨或防水涂层，这些织物的功能性得到了提升。在美学表达方面，手工织物因天然的纹理变化与复杂的手工工艺具有独特的视觉吸引力，这种不可复制的艺术特质使其成为高端定制和限量设计的重要选择。例如，手工织锦、手工刺绣织物等通过精细的图案与色彩组合，展现着深厚的文化底蕴和精湛技艺。这些织物在现代服饰中被用于细节装饰、独特拼接与艺术感设计中，形成了

强烈的视觉冲击力和个性化的时尚表达。手工织物的质感与光泽在现代灯光和场景设计的配合下，能呈现出极为丰富的动态美感，为服饰设计增添层次感、高级感。此外，手工织物的新应用还体现在对可持续发展的支持上。由于手工织物常以天然纤维为原料，且在生产过程中能减少能源的消耗和化学染料的使用，成为环保时尚的重要组成部分。这种对传统织物资源的再利用，不仅延续着手工技艺的文化价值，还为现代服饰设计注入了社会责任感与生态意识。手工织物在功能性与美学中的新应用，是传统工艺适应现代社会的关键路径。通过技术和设计语言的更新，手工织物在服饰中焕发了全新的生命力，为当代时尚注入了不可替代的文化元素与艺术价值。

三、再生材料与环保面料的文化嫁接

再生材料与环保面料的文化嫁接是现代服饰设计中兼顾生态责任与文化表达的关键方向，通过将可持续材料与传统文化元素相结合，不仅为环保时尚赋予了文化深度，也创造了传统工艺在绿色时尚领域的新可能。再生材料，如从废旧织物、塑料瓶、工业废料中提取的纤维，因低能耗、低污染特点成为环保时尚的关键资源。这些材料在服饰设计中常以创新面料的形式出现，通过科技手段增强其耐用性、舒适性、美观度，为现代服饰设计提供了全新的材料选择。在文化嫁接中，再生材料融入传统纹样、编织工艺、染色技法，通过艺术化的表达，这些材料超越了单纯的功能性，成为承载文化内涵的媒介。例如，再生面料通过手工扎染或蜡染工艺处理，不仅保留了传统染织技艺的视觉张力，还在环保设计的语境下赋予了其全新的生命力。这种嫁接还体现在再生材料与传统服饰工艺的创新结合上。设计师通过在现代环保材料中融入传统服饰纹理或纹样，如在再生涤纶面料上呈现传统云纹或刺绣图案，使服饰在传递文化符号的过程中，彰显出环保意识与时尚感的平衡。这种设计方式不仅可以满足消费者对文化认同和个性化表达的需求，也可以通过对传统工艺的再创造，为非遗技艺提供更多的应用场景，使其在可持续时尚中获得新的传播路径。此外，再生材料与环保面料的文化嫁接为时尚行业的全球传播提供了新可能性。通过结合不同文化背景的传统工艺，服饰能在全球范围内传递多元文化与绿色时尚的理念。这种融合不仅推动着文化的交流与共鸣，也使可持续时尚在全球市场中具备更强的文化深度与竞争力。再生材料与环保面料的文化嫁接，是技术、生态与文化之间的一次创新对话。既为环保时尚注入了艺术价值，也为传统工艺在现代时尚中找到了全新的表达方式，展现着传统文化在可持续发展中的时代意义。

第四节

材质创新

一、天然材质的传统再发现与现代开发

（一）天然材质的历史价值与文化内涵

天然材质作为传统服饰工艺的基础，承载着丰富的历史价值与文化内涵。丝绸、棉、麻、竹纤维等天然材料，在不同文化中被用于服饰制作，体现着与自然和谐共生的哲学理念。例如，中国传统丝绸以柔滑光泽与透气性著称，是古代服饰中地位与品位的象征；麻纤维则因轻便耐用，成为普通百姓日常服饰的首选。在这些材质加工的过程中，传统手工艺的精湛技艺为天然材质注入了独特的美感与实用性。染织技艺如蜡染、扎染、植物染料，赋予了天然材质丰富的色彩表现与纹样美学，也体现着对生态的尊重。传统天然材质在实际应用中受限于耐用性、适应性与生产效率等因素，使得其在现代时尚语境中未能得到充分运用。随着可持续发展理念深入人心，人们开始重新审视这些材质的潜在价值，通过现代科技的介入，这些材质焕发出新的生命力，重新跻身当代服饰设计的主流。

（二）现代科技对天然材质的改良与创新

现代科技为天然材质的开发与再发现提供了全新路径，不仅提升了其性能，也扩展了其在服饰设计中的应用领域。纳米技术、高分子材料改性技术、智能材料研发使传统材质在功能性与表现力上得以优化。丝绸通过纳米涂层处理具备防水、防皱、抗菌等多种功能，既保留了天然的光泽与柔软触感，又满足了现代消费者对功能性服饰的需求。竹纤维通过现代化处理，克服了传统竹材易断裂、易变形的难题，成为透气性强、耐用性高的环保面料，应用于内衣、运动服饰等领域。植物染料结合数字化技术改善色彩稳定性与环保特性，使传统手工染织产品得以批量化生产，减少对自然资源的消耗。3D编织与激光切割技术使天然材质的形态设计更加多样化，从纹理表现到结构优化都达到了更高的精确度水平。这些技术创新，不仅可丰富传统天然材质的应用场景，也使其更好地适应当代的消费需求，成为绿色时尚的重要支柱。

（三）天然材质在可持续时尚中的再定义

在经济全球化与环境危机等多重背景下，天然材质的现代开发与应用已成为推动可持续时尚的关键力量。设计师与品牌通过挖掘传统天然材质的文化价值与生态特性，将其重新定义为绿色时尚核心素材。再生蚕丝与有机棉通过废旧资源的回收与循环利用，既可减少原材料的消耗，又可赋予传统材质全新的社会意义。这些环保材质结合现代设计语言，以质朴和高品质的特性，逐渐成为高级定制与时尚潮流的象征。天然材质开发也催生着多元化的创意实践，如将传统面料与现代功能性涂层相结合，用于户外服饰与职业装设计，不仅延续了传统工艺的生命力，也赋予了服饰实用功能。通过对天然材质的创新开发，设计师不仅传承了传统工艺的文化精髓，还为现代服饰设计注入了生态责任感与艺术价值，使天然材质在新时代的时尚产业中焕发出持久的生命力与独特魅力。

二、多种材质混搭在服饰设计中的应用

（一）多种材质混搭的设计理念与审美价值

多种材质混搭在现代服饰设计中已成为独特的创新手法，通过不同材质间的对比与融合，设计师得以丰富服饰的视觉语言与触觉体验。设计理念不仅源于对传统材质单一运用的突破，也体现着当代时尚趋势对多元审美与功能性需求的关注。在设计中，不同材质的搭配能带来强烈的对比效果，如柔软的丝绸与坚韧的皮革、轻盈的薄纱与厚重的呢料之间的结合，通过材质的触感、光泽、厚度等差异形成丰富的层次感与视觉冲击力。多种材质的混搭设计也注重整体和谐性，通过色彩、纹理、剪裁上的相互呼应，实现材质间的平衡与统一。在高级时装中，设计师以柔软材质为主结构，辅以硬质材料进行点缀或结构强化，这种设计既能满足美学上的对比效果，也能提升服饰的功能性与实用性。多种材质混搭的设计理念，突破了传统服饰材质单一化的限制，赋予服饰更多艺术性、表达力，使其在时尚语境中呈现出丰富的文化与情感内涵。

（二）多种材质混搭在功能性设计中的实践

多种材质混搭不仅是视觉与触觉的设计语言，也在功能性服饰设计中展现出巨大的潜力。通过将不同材质的特性相结合，设计师能创造出兼具舒适性、耐用性、实用性的服饰。例如，在现代运动服装中，设计师会将透气性优良的网状材料与弹性面料进行拼接，以增强服饰的透气性与活动自由度；在极端天气服饰中，设计师会结合防水的科技面料与保暖的天然纤维，以应对复杂的环境需求。这种材质的混搭设计，既能满足功能性要求，又兼顾服饰的轻便性与美观性。同时，智能材质与传统材质的结合也为混搭设计开辟了新领域，如将智能发热纤维嵌入羊毛外套中，既能提升保暖性能，又能保留羊毛的经典质感与高级美感。多种材质混搭的功能性实践，不仅可提升服饰的使用价值，也推动着技术与时尚的深度融合，使设计作品更具创新性与市场竞争力。

（三）多种材质混搭在文化与情感表达中的作用

多种材质混搭在文化与情感表达中的独特作用，使其成为现代服饰设计中重要的艺术语言。通过多种材质组合与对比，设计师能传递复杂的文化意象与情感诉求。在融合传统与现代的设计中，设计师将中国传统丝绸与工业感十足的金属材质结合，营造出传统文化与未来科技的交融美感，以此传递出对时代变迁与文化传承的思考。在社会意义环保设计中，设计师将再生材料与天然材质进行混搭，通过材质本身的叙事性，展现人与自然和谐共生的理念。此外，多种材质的混搭设计还能赋予服饰特有的情感张力，如柔软与坚硬、透明与厚重的材质对比，能引发穿戴者或观者对力量与柔情、守护与暴露等情感状态的联想。通过材质的对比与融合，设计师赋予服饰作品深层的艺术表达与文化价值，使多种材质混搭不仅成为技术性尝试，也成为时尚设计中探索文化意义与情感深度的方式。

三、非传统材料在服饰设计中的突破性运用

（一）非传统材料在服饰设计中的兴起与意义

非传统材料的突破性运用已成为服饰设计中最引人注目的趋势，打破了传统服饰材质的局限，为设计注入了全新的创意表达与技术内涵。这些材料主要包括金属、塑料、纸张、碳纤维、硅胶、玻璃纤维、智能材料等，通过独特的物理特性与视觉效果，丰富了服饰设计的多样性与表现力。塑料因高透明性、轻便性，被用作展示未来主义风格的时尚单品；金属以光泽感与刚性，适用于强调服饰的结构感与科技氛围。非传统材料的引入不仅可以满足当代消费者对个性化与创新性的需求，也可以拓展服饰的功能性与艺术性边界。非传统材料的运用突破了纺织材料的传统范畴，将工业设计、艺术表现与技术融合在一起，不仅为服饰设计开辟了全新的语言体系，也回应了当代时尚对科技与实验性的不断追求。

（二）非传统材料与功能性服饰的结合

非传统材料在功能性服饰中的运用展现着技术优势与创新潜力。非传统材料凭借优异的物理与化学性能，为有特殊需求场景的服饰设计提供了新的解决方案。碳纤维因高强度与轻量化特性，可应用于运动服饰与防护服设计，通过增强服饰的保护性与耐用性满足极限运动的需求。硅胶材料因柔软性、抗水性，成为时尚泳装与防护服设计的理想选择，能为功能性服饰带来全新的舒适体验。智能材料的应用更为服饰设计注入了科技感与互动性，如温控纤维、光变材料与形状记忆合金等，能根据环境变化或人体需求自动调节服饰的状态，实现动态的功能性优化。这种材料与服饰的结合，不仅推动了服饰从静态向动态的转变，也提升了其在功能性、舒适性上的综合表现，为未来服饰的智能化发展奠定了基础。

（三）非传统材料的艺术表达与文化价值

非传统材料的突破性运用在艺术表达与文化价值传承中占据着关键位置。设计师通过材料的选择与创新运用，重新定义了服饰的形式语言与文化内涵。例如，纸张作为脆弱却极具表现力的材料，在高定服饰中被巧妙运用，通过折叠、雕刻、拼接工艺，展现出极致的艺术张力与实验价值；玻璃纤维与金属材质的结合，则可用于表达未来主义与超现实主义风格，传递出对技术崇拜与人类未来的思考。同时，非传统材料还是传递文化意象的关键媒介，通过将现代工业材料与传统工艺结合，设计师得以在经济全球化背景下赋予传统文化新的表现形式。例如，将塑料与中国传统刺绣工艺结合，不仅延续了传统技艺的文化价值，还创造出更具时代感的视觉效果。这种非传统材料的突破性运用打破了传统材料与现代设计间的隔阂，使服饰成为技术、艺术与文化的多元交汇点，为时尚设计提供了广阔的实验空间与文化表达的无限可能。

第五节

工艺创新

一、手工技艺与智能制造的融合创新

（一）传统手工技艺与智能制造结合的必要性与意义

手工技艺作为传统工艺文化的精华，承载着深厚的文化与艺术价值，但其低效性与局限性使其在现代服饰的设计与生产中面临诸多挑战。智能制造的出现为困境提供了解决方案，通过先进技术的介入，手工技艺得以在新时代获得广泛的应用与表达空间。智能制造，主要包括3D打印、计算机辅助设计（CAD）、人工智能算法等技术，不仅可提升传统手工工艺的生产效率，还为其注入了高度精准与可定制化特性。例如，传统刺绣中的复杂花纹在智能设备的协助下，可通过精密程序快速完成，既能保持手工技艺的视觉效果，又能满足批量生产的需求。智能制造还能协助手工技艺实现工艺细节的数字化存储与传承，将技艺以数字化模型的形式保存，避免因传承链条断裂而导致的文化流失。手工技艺与智能制造的结合，不仅是技术赋能，也是对传统文化的保护与创新，更是现代时尚产业实现文化与科技共生发展的关键路径。

（二）智能制造赋能手工技艺的艺术表现力

智能制造的核心优势在于高精度与灵活性，这为手工技艺的艺术表达开辟了新维度。传统服饰设计中注重细节的工艺，如缂丝、盘金绣等，在智能制造的辅助下，能精确地还原传统技艺中的复杂纹样与质感，通过3D

打印技术创造出手工难以实现的立体纹理效果。这种融合既保留了手工技艺的精致感，又拓展了其艺术表现的边界。同时，智能制造还赋予设计师更多的创作自由。通过人工智能生成的算法图案，结合传统手工技艺，可以实现独特的艺术表达方式，使服饰设计作品既具有传统美学特质，又体现时代感、科技感。此外，智能制造还为手工技艺注入了可互动性，如利用柔性电子技术在传统服饰上嵌入智能感应装置，赋予服饰动态的灯光效果或温度调节功能，将手工艺术与科技表现完美结合。这种融合使手工技艺从静态的文化载体转变为动态的艺术形式，为现代服饰设计提供了全新的艺术语言。

（三）传统手工技艺与智能制造的市场潜力与文化价值

传统手工技艺与智能制造的融合不仅推动了现代服饰设计的工艺创新，也开拓了高附加值市场与文化传播的新路径。在市场层面，这种融合迎合着消费者对个性化与定制化服饰的需求。通过智能制造技术，传统手工技艺得以与用户需求高度匹配，例如，消费者可以通过定制平台选择特定的传统图案或手工工艺，智能制造设备可根据用户需求快速生产，满足市场对高端个性化产品的需求。在文化价值方面，传统手工技艺与智能制造的结合使传统工艺更易被年轻一代所接受。例如，通过智能设备对传统技艺的互动展示与虚拟体验，消费者能直观地感受到工艺背后的文化内涵与艺术价值。这种融合还促进着传统工艺在国际市场上的传播。此外，智能制造技术还能快速将具有地方特色的手工技艺转化为面向全球市场的产品，例如，将非遗技艺与智能化生产相结合，打造出兼具传统文化与现代时尚的国际化服饰产品。手工技艺与智能制造的融合，是传统与现代的深度对话，不仅提升了传统工艺的经济与文化价值，也为其在新时代的延续与创新提供了发展路径。

二、激光、3D 打印等新技术对传统工艺的赋能

（一）激光技术对传统工艺精细化与多样化的提升

激光技术作为高精度、高效率的加工手段，为传统工艺的精细化与多样化提供了支持。传统工艺中的雕刻、镂空、切割等工序，依赖匠人娴熟的技艺与长时间的工序处理，激光技术通过非接触式的加工方式，可提升这些工艺的效率与精准度。在传统服饰刺绣图案的制作中，激光切割技术能精准地完成复杂的镂空图案与边缘处理，不仅能减少手工工艺的重复性工作，还能展现多层次与细节，使传统图案焕发出现代化的生命力。此外，激光雕刻技术还在面料表面的处理上提供了全新的艺术效果，通过调节激光功率与速度，可以在不同材质上实现纹理雕刻、浮雕效果、渐变设计，从而赋予传统工艺更多的视觉表现形式。这种技术手段不仅保留着传统工艺的文化内涵，还使其适应了现代设计中对高精度与多样化的需求。此外，激光技术的高效性使其能在传统工艺传承中发挥作用，例如，通过批量化生产与数字化控制，将传统工艺图案快速应用于多种服饰设计中，可以实现文化传承与产业化发展的双赢。

（二）3D 打印技术对传统工艺创新与结构复杂性的赋能

3D 打印技术的应用为传统工艺的创新与复杂结构的实现提供了诸多新可能。传统工艺通常受到手工技艺或材料性能的限制，而 3D 打印技术通过逐层堆积材料的方式，可以突破这些限制，创造出更加复杂的结构与形式。例如，在传统金工工艺中，复杂的纹样或镂空设计需要耗费大量时间与精力，3D 打印技术能以高精度快速生成这些复杂结构，同时保持传统工艺的精致感与独特性。此外，3D 打印技术还能通过多材料打印，模拟传统工艺中难以实现的材质效果，如通过混合金属与聚合物材料，创造出既具有金属光泽又兼具柔性特点的服饰配件。这种技术优势还体现在传统工艺的再现与创新上，设计师通过 3D 建模技术对传统纹样进行数字化存储与重组，能将传统工艺元素以全新的形式呈现在服饰中。汉服中的复杂花纹或饰品结构可以通过 3D 打印实现小批量定制生产，从而使传统工艺在现

代服饰中得到更广泛的应用。3D打印技术不仅是传统工艺的现代化工具，也是推动传统工艺艺术表现力与实用价值再提升的重要手段。

（三）新技术推动传统工艺可持续性与产业化发展的转型

激光与3D打印等新技术的引入，不仅为传统工艺注入了创新活力，还在可持续性与产业化发展方面带来了深远影响。在可持续性方面，激光技术与3D打印技术都以高效低耗著称，相比于传统手工工艺与大规模工业化生产，这些技术能最大限度地减少材料的浪费，减少对环境的影响。例如，3D打印技术可通过精准分配材料，消除多余的废料，为传统工艺引入可回收材料与可再生资源，为服饰设计提供环保的解决方案。激光技术通过精准切割与雕刻，避免了传统工艺中因人为操作失误而造成的材料浪费。在产业化方面，新技术使传统工艺更易规模化推广，例如，通过3D打印设备的小批量定制与激光设备的高效生产，将传统工艺元素快速融入现代服饰产业链中，为设计师与企业提供更多的创意空间与商业化可能。此外，激光与3D打印技术还通过数字化与智能化手段，为传统工艺传承提供了新的路径，例如，将非遗工艺的核心技术与样式以数字化模型的方式保存，通过3D打印设备再现，使其能广泛地传播与应用。新技术对传统工艺的赋能，既实现了文化的传承与创新，也为其在现代产业中的价值转化开辟了新方向。

三、传统工艺细节在服饰装饰设计中的再创作

（一）传统工艺细节的元素提取与现代化表达

传统工艺中的细节元素蕴含着深厚的文化意义与视觉价值，其在现代服饰装饰设计中的再创作，为传统文化与时尚表达的结合提供了新途径。设计师通过对传统工艺细节的提取与解构，将复杂的工艺特征转化为符号化的设计语言。例如，传统刺绣中的花鸟纹样、几何图案，通过简化线条与形状，成为现代服饰中的装饰性图案。这些元素不仅保留着传统工艺的

精髓，还与当代审美趋势相契合，为服饰注入了独特的文化内涵与视觉辨识度。在传统工艺细节的再创作过程中，设计师还注重材质与工艺手法的现代化改良。例如，传统织锦的纹样通过数码印花技术实现精确复刻；利用柔软轻薄的现代面料提升服饰的实穿性。从传统金属加工中的镶嵌工艺中提取镂空设计，利用激光切割技术表现出类似的精细感，使之成为现代服饰装饰中的亮点。这种再创作强调细节的文化属性与现代功能性的结合，不仅拓宽了传统工艺的应用边界，还赋予了服饰独特的艺术价值与市场竞争力。

（二）传统工艺装饰在结构与功能设计中的创新应用

传统工艺细节的再创作不局限于装饰层面，而是通过结构与功能设计的结合实现创新表达。现代服饰设计常将传统工艺的装饰性特征融入服饰结构，使其在视觉美感与功能设计上达到高度统一。例如，传统盘扣作为中式服饰的经典装饰细节，通过放大比例与材质创新，成为现代外套与礼服的设计焦点。设计师通过将盘扣结构与开合功能相结合，使其兼具装饰性与实用性，在保留传统韵味的同时，提升服饰的动态表现力。传统工艺中的折叠技法，如折纸纹样与褶皱工艺，通过材料与工艺的再创作，被应用于服饰的功能性装饰设计中。例如，褶皱结构在现代服饰中通过3D打印或激光雕刻技术实现动态塑型，不仅可以增强服饰的立体感，还可以为穿着者提供灵活的活动空间。这种细节再创作以功能为导向，既传承了传统工艺的设计语言，又为服饰提供了全新的技术支持与用户体验。

（三）非遗工艺细节在高端定制与文化复兴中的新价值

非遗工艺中的装饰细节以独特性与艺术价值，在高端定制服饰领域获得了广泛应用，成为文化复兴的重要载体。传统工艺如蜡染、刺绣、织锦等，其中的复杂手工技艺与独特视觉表现，在现代高端服饰中被重新定义。例如，苗绣的繁复图案与精细针法通过设计师的再创作，以渐变配色与拼接设计呈现在礼服与高定系列中，展现出非遗技艺的当代艺术魅力。工艺细节在现代设计中不仅表现为装饰语言，还承载着文化价值与情感连接。设计师通过对传统工艺细节的再创作，强调其稀有性与独特性，赋予高端服饰以文化深度与收藏价值。这种再创作还推动了传统工艺在现代社会的复兴，通过设计与工艺传承人的合作，传统装饰细节在广泛的市场中获得了认可与传播。例如，非遗刺绣元素通过数字化存储与现代工艺结合，被应用于限量的服饰与配饰设计中，提升了非遗工艺的产业化水平。传统工艺细节的再创作不仅实现了文化与市场的双向互动，也为现代服饰设计提供了丰富的灵感来源与表达路径。

第四章

编织工艺在现代服饰设计中的应用

第一节

编织工艺的概念与特点

一、编织工艺的历史与文化内涵

（一）编织工艺的起源与发展

编织工艺作为人类最古老的手工技艺之一，其起源可以追溯到原始社会，它是人类在探索自然、适应环境过程中形成的独特的生产方式。在古代，人类为满足基本的生活需求，利用植物的天然纤维材料，如藤条、竹子、草本植物等，通过简单的编织技术制作工具、衣物、容器。这些手工制品在当时不仅具有实用功能，也承载着人类对自然的认知与利用。随着人类文明的发展，编织工艺逐渐从单纯的生活技能演变为艺术表现形式，也成为不同文化中关键的传统技艺。以海南黎族藤竹编工艺为例，这种工艺在黎族先民的生产生活中发挥着重要作用。早期，黎族人民利用海南岛丰富的竹木资源，通过手工编织技术制作生活器具，如藤筐、藤衣篓、渔具、雨具等（图4-1、图4-2）。这些器具不仅可以满足人们对日常生活用品的需求，还体现着黎族人民对自然资源特性的深刻理解与独特的工艺智慧。

随着社会进步，编织工艺的用途逐渐超越了基本的生活领域，成为文化与审美的关键载体。在黎族文化中，藤竹编工艺不仅是生活工具的制造手段，还承载着深厚的文化意涵与艺术价值。例如，在黎族的婚礼、节庆、祭祀活动中，编织制品常被赋予特定的象征意义，用以表达对神灵的崇敬、对亲友的祝福及对自然的感恩。编织工艺在技法上也经历着从实用到艺术的演变，逐渐形成了独特的编织技法和设计语言。黎族的藤竹编制品以细腻精致、结构紧密、纹样多样而闻名，常常融合自然元素和传统图案的艺术表达，充分体现着编织工艺与黎族文化的深度融合。进入现代社会，编织工艺的价值在传承与创新中得以延续。一方面，编织工艺作为非物质文化遗产，记录着人类早期生产生活的智慧结晶；另一方面，编织工艺也随着时代需求的发展，逐渐融入现代设计中。在服饰设计领域，通过传统技艺的重新解读，为现代设计注入了深厚的文化内涵与手工温度。黎族藤竹编工艺的起源与发展历程，正是传统手工技艺在社会变迁中持续焕发活力的生动体现。其所承载的文化记忆与技艺特色，为编织工艺的传承与创新提供了宝贵的历史依据与灵感源泉。

图4-1　黎族藤筐

图4-2　黎族藤衣篓

（二）编织工艺的文化内涵

编织工艺作为人类文化的关键组成部分，蕴含着深厚的历史积淀与文化内涵，是自然与人类智慧相结合的结晶。它不仅是手工技艺，也是文化载体，记录着人与自然和谐共生的实践经验，体现着不同地域、民族对美的理解与表达。在中国传统文化中，编织工艺通过材料、技法、设计语言，展现出强烈的地域性与民族性，也反映着人与自然、人与社会之间的深刻联系。以海南黎族藤竹编工艺为例，藤竹编工艺不仅是生产方式，还承载着海南黎族人民对自然资源的深刻认知和对生命哲学的独特理解。黎族藤竹编制品取材于天然的藤条、竹子等可再生资源，材质选择、纹样设计、功能定位都体现着黎族人民对自然的尊重与依赖。编织工艺通过藤竹的柔韧性与耐用性，将自然特性转化为人类生活的实用工具，注入了对自然力量的敬畏与崇拜，这种人与自然的紧密联系贯穿着黎族文化的方方面面。编织工艺的文化内涵体现为其特有的象征意义与美学价值。编织纹样融入了特定的文化符号与象征语言，表达着人们对社会、宗教、自然的认知。例如，在黎族藤竹编工艺中，常见纹样如几何图案、动植物形象、传统符号，不仅具有装饰功能，还蕴含着丰富的文化意涵（图4-3）。某些纹样象征着繁荣、吉祥、和谐，藤竹的排列方式则反映着编织者对秩序和美感的追求。这种符号化的表达使编织工艺超越了单纯的实用功能，成为文化交流和传承的媒介。

图4-3 黎族藤竹编典型纹样

此外，编织工艺的文化内涵在社会性、仪式性中得到了深化。在传统社会中，编织不仅是日常的生产活动，也是维系社会关系与传递文化的方式。在黎族文化中，藤竹编工艺不仅用于制作生活用品，还作为社交活动的一部分，例如，在婚礼、节庆、宗教仪式中，藤竹编制品被赋予祝福、祈祷、纪念的意义。这种社会性功能使编织工艺成为维系社区情感与传递文化传统的桥梁。在现代背景下，编织工艺仍然具有强大的文化生命力，通过现代设计的语言和媒介，得以重新焕发光彩，为当代社会提供独特的文化记忆与艺术价值。编织工艺不仅是一项技艺，也是一种凝聚文化、传递情感、表达艺术的综合表现形式，其文化内涵在不断地传承与创新中延续和发展。

（三）编织工艺的地域特色与民族传承

编织工艺的地域特色与民族传承是文化价值的体现，反映着不同自然环境与民族文化对编织技艺的深刻塑造。作为因地制宜的手工技艺，编织工艺深受地域自然资源的限制与启发，不同地区因独特的气候、植被、社会习俗，形成了各具特色的编织风格与工艺特征。例如，海南黎族的藤竹编工艺充分利用了热带雨林丰富的藤条、竹子等天然资源，工艺在长期的发展过程中，与当地生活需求与民族文化相融合，形成了兼具实用性、美观性的独特风格。黎族编织工艺以精细的手工技法与自然纹理的巧妙运用著称，作品既体现着材质的原生态之美，又融入了黎族人民对自然万物的审美感知和文化寓意。这种地域特色使编织工艺不仅是生产实践，也是一种与自然和谐共生的生活哲学的体现。民族传承是编织工艺得以延续的关键力量，不同民族在传统工艺中注入了独特的文化符号与精神内涵，使得编织工艺成为民族身份的重要标识。在黎族文化中，藤竹编工艺不仅是谋生手段，也是族群记忆和文化认同的体现。黎族人民将藤竹编制品的制作技艺代代相传，通过家族传承、集体劳动、社区交流的形式，将编织技巧、审美意识与自然的关系一并传递下来。藤竹编制品中的纹样造型也被赋予了鲜明的民族象征意义。例如，黎族传统纹样中常见的几何图形、自然元素，象征着族群的生活智慧与精神信仰。藤竹编工艺在婚礼、祭祀等重要仪式中也扮演着关键角色，其象征性功能强化了编织工艺在民族传承中的地位。随着时代的发展，编织工艺的地域特色与民族传承面临着现代化与同质化的双重挑战。在现代设计语境下，编织工艺正在通过与当代时尚、艺术、科技的结合，重新焕发文化生命力。例如，黎族藤竹编工艺在现代服饰设计中被创新应用，通过对传统纹样与结构的改良，适应了经济全球化背景下的审美需求与市场趋势。这种创新不仅延续着编织工艺的地域特色，也为民族文化的传承注入了现代意义。编织工艺作为深具地域性和民族性的文化表达形式，通过不断地创新与传承，不仅延续了其在历史和文化中的价值，还为多元文化的交流与融合提供了丰富的艺术资源与文化可能性。

第二节

编织工艺在现代服饰设计中的多元创新

一、传统编织技法的现代化转化

（一）传统材料的技术改良与现代适配

传统编织技法依赖天然材料，如藤、竹、棕榈叶等，这些材料质地自然、环保可持续，在现代服饰设计中，对材料适配性、耐用性、多样性提出了新挑战。为应对市场需求，设计师在传统编织材料的基础上融入现代技术，通过材料科学进步实现功能性与表现力的双重提升。例如，将天然藤竹材料与高分子复合材料结合，既保留着藤竹的原始质感，又增强了其柔韧性、防潮性，使其在都市服饰设计中具备较长的使用寿命。现代环保技术的加入为传统材料赋予了新的生态意义，例如通过再生纤维和植物基材料的研发，使传统编织技法能适用于更加环保的面料设计。传统编织中注重的纹理效果在现代设计中也得到了材料改良，如利用透明材料或轻量化金属替代藤竹，可实现传统纹理的视觉还原和结构优化。这种材料技术的进步，不仅可为传统编织技法在现代服饰中的应用提供多样化选择，还赋予其在设计语言上的多样性和实用性，为传统工艺注入了新活力。

（二）传统技法的形式创新与功能拓展

现代服饰设计注重形式与功能的多样化，使传统编织技法在现代化转化中逐渐超越了其原有的实用性与形式单一性。传统编织技法以规则的几何结构为主，例如黎族藤竹编注重密实与均匀的编织模式，主要用于日常生活中的器具制作。现代设计中打破了这种固定模式，将非对称、自由编织、层叠手法引入编织工艺中，使其更符合当代审美。例如，设计师通过在服饰中运用疏密不一的编织结构，营造出动感与通透感，将黎族藤竹编的传统工艺转化为具有现代艺术感的时尚元素。同时，传统编织的功能性也被重新定义，如将传统固定编织结构设计为模块化、可调节的功能性服饰部件，使其可以根据穿着需求进行拆卸和重组。这种形式创新不仅可提升传统编织技法的实用性，还能拓展其在现代服饰设计中的功能边界，为当代服饰增加更强的灵活性。

（三）数字化技术助力传统编织的现代表达

数字化技术的引入使传统编织技法的设计与再现过程更加高效和精确。通过数字建模与参数化设计，设计师可以对传统编织纹样进行三维解析与重组，将其转化为现代服饰设计中的数字化元素。例如，黎族藤竹编的传统纹样通过计算机辅助设计（CAD）软件进行数字化处理后，可以被精确嵌入现代服饰的结构设计中，如局部装饰、整体纹理、面料的表面处理。智能制造技术如激光切割和3D打印的结合，使传统编织技法能以全新的方式呈现，例如利用3D打印材料模拟传统藤竹纹理，打造出兼具手工艺质感和现代结构感的服饰单品。这种技术手段运用不仅可提高传统编织工艺在现代服饰设计中的应用效率，还能拓展其在形态和材料表现上的可能性，从而使传统编织工艺焕发全新的生命力，为其在国际化时尚语境中的传播推广提供了广阔的空间。通过数字化技术的赋能，传统编织技法实现了从传统手工艺到现代工业设计的跨越，不仅保留着传统文化的深厚内涵，也充分契合了现代设计对高效性、创意性、多样化的需求。

二、编织工艺与现代材质的结合

（一）天然材料与高性能材质的复合应用

传统编织工艺中的天然材料，如藤、竹、草等，因轻便、环保的特性，在现代设计中依然具有关键地位。天然材料本身存在一定局限性，例如易受环境影响而造成耐久性不足或结构稳定性下降。为解决这些问题，设计师通过将传统天然材料与现代高性能材质相结合，实现传统工艺的功能升级。将黎族藤竹编中的藤条与高分子材料进行复合，提升其柔韧性、抗拉强度，使其能适应现代服饰设计中对材料性能的更高要求。通过对藤竹编织物进行表面涂层处理，如纳米涂层、防水涂层技术，既能保持藤竹的自然质感，又能增强其在不同气候条件下的实用性。这种复合材料应用不仅使传统编织工艺更具适应性，还为现代服饰设计提供了兼具传统美感与高性能的材质选择。天然与高性能材质的结合推动着传统与现代的融合，为传统工艺在服饰设计领域的应用注入了新的可能性。

（二）可持续材料与编织工艺的生态创新

在全球时尚行业倡导可持续发展的背景下，传统编织工艺与可持续材料的结合成为现代服饰设计的关键方向。设计师以环保为核心理念，将再生材料、植物基纤维与传统编织工艺融合，为时尚设计提供了全新的生态表达。例如，将回收塑料制成的再生纤维，与黎族传统藤竹编工艺相结合，设计出环保袋、服饰装饰、其他配件，不仅延续着编织工艺的传统美感，也实现了资源的循环利用。生物可降解材料在编织工艺中的运用也得到了广泛探索，例如将玉米纤维、椰壳纤维等天然可降解材料融入编织设计中，为现代服饰提供绿色环保的选择。这种结合体现着编织工艺在当代语境中的生态责任，不仅可满足消费者对环保时尚的追求，也推动着传统技艺在可持续发展中的应用，为现代设计注入了人文关怀与社会价值。

（三）新型智能材料赋能编织工艺的功能拓展

随着科技发展，新型智能材料引入为传统编织工艺赋予了更多创新可能性。这些材料不仅能增强传统工艺的功能性，还拓宽了其在现代服饰设计中的应用场景。设计师将形状记忆材料融入黎族藤竹编工艺中，使其能根据外界环境的变化自动调节形态，以此来实现动态服饰设计。这种结合适用于高适应性和动态表现力的设计，如智能可穿戴设备或多功能服饰。

导电纤维和智能纺织品的使用，使传统编织工艺可以与现代科技结合，构成兼具传统文化美感与科技功能的服饰。例如，将导电纤维融入藤竹纹理的编织图案中，可实现触控功能或发光效果，为传统工艺赋予全新的表现形式。这种跨界结合不仅可拓展编织工艺的表现力，还为现代服饰设计提供了具有未来感的创新解决方案，彰显着传统技艺在新时代背景下的无限潜能。

三、编织工艺在功能性与艺术性中的平衡

（一）功能性提升：编织工艺在现代服饰中的实用化应用

编织工艺在现代服饰设计中，不仅是文化与审美的表达，也承担着重要的功能性价值。传统的编织技艺以实用性为基础，例如黎族藤竹编工艺在历史上多用于日常器物制作，编织结构紧密、坚韧，具备良好的通风性与承重性。如今，这种功能性特点被引入现代服饰设计，通过结构的优化与材料的革新，达到更多的实用性应用。例如，将藤竹编的透气性与轻便性融入现代帽饰、包袋等配件中，适应都市生活对轻量化、舒适化的需求。此外，编织工艺特有的弹性结构与柔韧性被应用于鞋履设计中，通过改良编织纹理与加强节点稳定性，提升产品的支撑力。这种功能性的提升，不仅让传统编织工艺重新焕发实用价值，还拓展着应用范围。设计师通过对编织工艺的功能性挖掘，使其成为兼具传统文化底蕴与现代实用性能的设计亮点。

（二）艺术性表达：编织工艺的装饰美学与文化意义

除了具有功能性，编织工艺在服饰设计中更独特的艺术表现力，成为传递文化意涵与审美创新的媒介。例如，黎族藤竹编工艺中的纹样设计，体现着对自然与社会的崇敬，其线条流畅、层次分明的结构美学，为现代服饰设计提供了丰富的灵感来源。设计师通过对藤竹编工艺的解构与重组，将纹样、图案、技法融入服饰装饰中，如在现代服饰的衣领、袖口、

背部区域加入藤竹编织元素，可形成细腻的纹样或独特的质感表达。这种装饰美学不仅展现着传统技艺的匠心独运，也提升着服饰的艺术感染力。编织工艺特有的手工属性和肌理感，为服饰设计赋予了不可复制的个性化特质，文化深度与艺术张力往往能成为高级定制设计中的亮点。例如，高定礼服或舞台服饰中，通过手工编织工艺结合天然材料，形成既传统又前卫的视觉冲击效果，为服饰赋予了独特的艺术价值。

（三）功能与艺术的融合：编织工艺的综合创新路径

在现代服饰设计中，编织工艺的功能性与艺术性并不是彼此独立的两极，而是通过设计师的创新实践达到了高度融合。黎族藤竹编兼具实用功能与文化审美的特点，为设计师提供了整合功能与艺术的丰富灵感。例如，将传统藤竹编的结构特点与现代技术相结合，开发出具有多功能性的编织服饰，如在轻便透气的同时实现防水、保温等附加功能，也能保持藤竹编独有的纹理美感与文化意蕴。功能与艺术的融合还体现在设计的模块化与互动性中。现代设计师通过对编织工艺进行动态化处理，使其在满足穿戴需求的同时，也会呈现出流动性与趣味性的美感。例如，在现代服饰中应用可拆卸的编织模块，用户可根据不同场合和需求自由组合，这种设计方式既能增强实用性，也赋予了服饰更多艺术表现可能性。通过技术赋能与文化传承的交互创新，编织工艺实现了功能与艺术的完美平衡，成为现代服饰设计中的关键元素。

编织工艺在现代服饰设计中的
应用案例——以黎族藤竹编为例

一、黎族藤竹编的文化传承与创新应用

（一）黎族藤竹编的文化底蕴与传承价值

黎族藤竹编工艺是海南黎族文化的关键组成部分，承载着深厚的历史积淀与民族智慧。黎族藤竹编工艺起源于生产与生活需求，通过手工编织的形式，用天然藤竹材料制作日常生活用品，如背篓、竹篓、渔具等，工艺不仅体现着黎族人与自然和谐共处的哲学理念，还展现着其对材质特性及功能性的深刻理解。这种技艺传承不局限于技术层面，也是一种文化记忆的传递——黎族的编织纹样蕴含着特定的民族符号，如表现自然崇拜的植物图案或象征繁衍生息的几何纹样，这些都成为黎族编织文化的关键表达形式。在现代社会中，随着工业化和机械化的发展，传统手工技艺逐渐衰退，但黎族藤竹编凭借其独特的文化价值与手工艺术的精湛性，依旧在少数民族非物质文化遗产保护中占有一席之地。通过政府支持与文化传播，设计师将黎族藤竹编元素引入现代设计领域，不仅延续着传统工艺的文化生命力，也使其成为展示黎族文化的关键符号之一。

（二）黎族藤竹编在现代服饰中的融合与创新

在现代服饰设计中，黎族藤竹编工艺作为传统与现代融合的典范，通过材料、纹样、技法的创新应用，赋予着服饰独特的艺术性与文化价值。

设计师借鉴黎族藤竹编的独特纹理，将其复杂的编织图案作为灵感来源，转化为现代服饰的表面装饰或结构设计。例如，将藤竹编的传统几何纹样通过数字化提取与抽象化设计，应用于服饰图案印花、刺绣细节，形成既传统又具有现代美感的服饰。藤竹编的立体编织技法被引入现代配饰设计中，如将其用于帽饰、手袋等小型服饰的制作，通过手工技艺的温度感与天然材料的环保属性，为产品注入了独特的自然主义风格。在高端定制领域，藤竹编工艺被用于装饰性设计与结构性创新。例如，礼服设计中加入藤竹编织的细节装饰，通过藤竹的天然色泽与纹理营造出轻盈通透的美感。这种融合不仅是对传统工艺的尊重，也是对自然材质的当代演绎，让黎族藤竹编在现代服饰中焕发新的生命力。

（三）黎族藤竹编的市场价值与可持续发展

随着全球对可持续时尚理念的关注，黎族藤竹编工艺作为天然环保的传统技艺，在现代市场中展现着巨大的潜力与价值。藤竹材料因其天然生长的可再生特性、低碳排放及耐用性，成为可持续时尚的重要材质来源。基于此背景，设计师将藤竹编工艺应用于现代服饰设计中，通过对传统材料的现代化开发，赋予其更多功能性与商业价值。例如，将藤竹编用于可循环的服饰设计中，如手袋、鞋履等配件，通过手工技艺与创新设计相结合，满足消费者对个性化、环保化的双重需求。通过与国际品牌合作，黎族藤竹编产品逐步走向国际市场，成为展示中国非遗技艺与民族文化的重要窗口。结合文创与时尚产业，藤竹编技艺的市场开发也为当地少数民族社区带来了新的经济增长点，促进了文化传承与经济发展的双赢。未来，黎族藤竹编工艺在时尚领域的持续创新，不仅能推动非遗技艺的国际化传播，也为可持续时尚发展提供了丰富的设计可能性与文化内涵，展现出传统工艺与现代设计相结合的无限潜力。

二、跨文化背景下的编织工艺融合设计

（一）黎族藤竹编与国际时尚的文化对话

海南黎族藤竹编工艺作为中国少数民族传统文化的瑰宝，凭借天然材料的质感与复杂编织的工艺细节在国际时尚界中拥有极高的艺术价值。在跨文化背景下，黎族藤竹编的纹样与编织技法逐渐被设计师们发现，通过与国际时尚语言的对话，实现着传统工艺的现代化表达。例如，国际奢侈品牌在推出度假系列或自然主义主题设计时，通过引入黎族藤竹编元素，以藤竹材质的自然纹理、环保属性、编织的手工温度感，赋予产品更深的文化内涵与独特风格。在包袋、凉鞋、帽饰等配件设计中，藤竹编纹样被重新解构、重组，融入极简主义的设计风格中，使其兼具东方文化底蕴和国际化审美趋势。这种文化对话不仅为黎族藤竹编打开了国际市场，也丰富着全球时尚体系中的多样性与多元化表达，使其在全球范围内焕发新的生命力。

（二）黎族藤竹编与其他民族工艺的融合实践

黎族藤竹编与其他民族工艺的融合实践，是传统手工艺在多元文化交流背景下的创新尝试，体现着各民族手工技艺之间的文化共鸣与艺术互鉴。这种融合不仅推动着黎族藤竹编的技艺创新，还丰富着其在现代设计语境中的表现形式。在中华民族传统文化中，部分传统工艺在材料选择、纹样设计、制作技法上各具特色，与黎族藤竹编结合，可为工艺美术的创新发展提供丰富灵感。例如，苗族蜡染技艺与黎族藤竹编的结合，通过在藤竹制品表面运用蜡染工艺制作图案，将苗族蜡染的雅致色彩与黎族编织的自然纹理完美结合，可形成既有视觉冲击力又蕴含文化意义的设计作品。这种跨工艺的结合，不仅能让藤竹编制品更具装饰性，也延展了其在高端家居和时尚配饰中的应用场景。此外，侗族木构工艺的力学结构设计与黎族藤竹编工艺相结合，为家具与大型装饰品的设计开辟了新思路。黎族藤竹编以柔韧性和灵活性著称，侗族木构工艺以结构稳定性和雕刻精细度闻名。设计师将藤竹编织与侗族木质框架结合，制作出的家具不仅在力学结构上具有稳定性，也因藤竹的轻巧质感而展现出独特的审美价值。多民族工艺的结合实践，不仅可提升产品的功能性和耐用性，也使其蕴含的文化价值更加深厚，成为现代设计中兼具实用性与艺术性的代表作。在纹样设计层面，藏族唐卡与黎族藤竹编的结合是极具潜力的跨文化创新设计。唐卡艺术以宗教主题与复杂的绘画技法而著称，通过现代数码技术将唐卡图案简化，应用于藤竹制品表面，使黎族藤竹编在保持自然质朴的同时，可增添浓郁的文化气息。这种结合不仅赋予藤竹制品更深层次的文化内涵，也为其在文化创意产品领域的推广提供了新思路。

（三）跨文化设计推动下的黎族藤竹编商业价值提升

随着跨文化设计在时尚产业中的影响力日益增强，黎族藤竹编在现代服饰设计中的商业价值也得到了显著提升。设计师通过融合全球设计元素，将黎族藤竹编产品转化为既具功能性又符合国际市场需求的时尚单品。例如，将藤竹编工艺应用于高级定制领域，以天然材料与现代设计相结合，推出具有文化传承意义的限量版服饰配件。这些产品不仅因独特的手工技艺与文化符号备受关注，也因环保理念契合了全球消费者对可持续时尚的需求。跨文化设计促进着黎族藤竹编在奢侈品牌与快时尚领域的双向拓展。例如，藤竹编织纹样通过数字化设计与大规模生产工艺相结合，成为快时尚品牌推出自然主题产品的关键灵感来源；在高端消费市场，藤竹编以天然的材质特性与复杂的手工技法，被用作彰显工艺价值与文化深度的核心卖点。这种商业化的推动不仅为黎族文化的国际传播提供了新助力，也为海南地方经济的发展带来了新增长点。基于跨文化背景，黎族藤竹编的商业化转型实现了对传统工艺的现代复兴，也成了中国少数民族非物质文化遗产进入全球市场的关键标志。

三、编织工艺在高级定制与时尚产业中的应用

（一）黎族藤竹编在高级定制服装中的艺术表达

黎族藤竹编工艺凭借精湛的技法与独特的材质质感，在高级定制服装

中展现出强大的艺术表现力。高级定制服装强调设计的唯一性和工艺的精细性，黎族藤竹编传统技艺与高级定制服装设计理念恰好高度契合。例如，设计师通过将藤竹编织的天然纹理与精致结构应用于高级定制礼服的肩部装饰、裙摆细节、腰带设计中，使服装呈现出结合自然与工艺的独特美感。在实际设计中，藤竹编织物常与高档丝绸、欧根纱等轻薄面料相搭配，形成刚柔并济的视觉冲击，彰显服饰的立体感与层次感。此外，黎族藤竹编独具匠心的图案与纹理也成为高级定制中探索自然主题的灵感来源。以编织工艺为核心的设计不仅体现着手工技艺的高超水平，还将藤竹编融入国际化的设计语境中，创造出既有东方文化底蕴又符合多元化审美的高端时尚作品。这种艺术化的表达不仅为高级定制增添了新设计语言，也提升了黎族藤竹编工艺在国际时尚领域的地位。

（二）黎族藤竹编在时尚配饰中的创新应用

在时尚产业中，黎族藤竹编工艺以自然材质与传统技法，在配饰设计中实现着丰富的创新表达。近年来，随着环保时尚理念兴起，天然藤竹材料逐渐受到设计师的青睐，在包袋、帽子、鞋履设计中，黎族藤竹编通过独特的纹理和轻量化材质为产品注入了天然和质朴的气息。例如，采用传统藤竹编工艺制作的手提包，通过复杂的编织技法与几何造型设计，既可保留黎族手工艺的文化特质，又符合当代极简主义和功能性审美需求。此外，藤竹编的耐用性与可塑性使其在帽饰、鞋履中也得到了诸多应用，如宽檐草帽的编织边饰与高跟鞋鞋面编织纹理的装饰，既展现着天然材质的独特魅力，也提升了产品的辨识度。藤竹编织工艺与现代装饰工艺的结合，如手工刺绣、金属镶嵌、激光雕刻等，为时尚配饰的设计开辟了新的可能性。这种融合让黎族藤竹编不仅成为环保材料的代表，也成功融入了现代时尚的设计语境中，让配饰产品彰显着深厚的文化价值与独特的艺术风格。

（三）黎族藤竹编在时尚产业中的商业化发展

在时尚产业商业化进程中，黎族藤竹编凭借独特的文化符号与可持续属性，逐渐成为品牌打造产品差异化的关键元素。在时尚品牌的国际化传播中，藤竹编以高辨识性的工艺特点和生态环保的材质属性，成为讲述东方文化故事的关键媒介。例如，国际奢侈品牌与黎族手工艺人合作，将藤竹编图案与纹样融入品牌限量系列中，以限量款包袋、饰品等形式面向高端市场销售，这种产品因手工制作的稀缺性与文化价值而备受追捧。快时尚品牌也通过技术优化与工业化生产，将藤竹编的纹理元素以仿制的形式运用到服装和配饰中，以满足市场对自然主题的审美需求。在电子商务推动下，黎族藤竹编通过线上平台实现着从地方性工艺到国际市场的快速传播。设计师与品牌通过文化营销，将藤竹编作为可持续时尚的代表，可提升其商业价值与消费者认可度。这种商业化发展不仅促进着黎族藤竹编的文化传承与创新，还为海南本地的传统手工艺产业带来了可观的经济收益，彰显着传统工艺在现代时尚体系中的价值与潜力。

第四节

编织工艺的未来发展方向

一、编织工艺与可持续设计的结合

（一）传统材料的可持续价值开发

编织工艺与可持续设计的结合，首先体现在对传统天然材料的可持续价值开发上。在海南黎族藤竹编中，藤条与竹子作为自然资源的代表，具有强大的生态优势。这些材料因生长周期短、可再生性强、环境负担小，成为可持续设计的关键选择。例如，在藤竹编的制作中，黎族传统技艺强调因地制宜的材料利用，如选取生长成熟的竹子，避免破坏生态平衡，通过自然风干和手工加工等传统处理方式，减少能源消耗与化学污染。现代设计在继承这些天然材料特性过程中，会通过科学种植与材料改性技术，使藤竹材料具有更高的耐用性、抗虫性、柔韧性，从而延长产品的使用寿命，提高资源利用效率。这种方式不仅可强化藤竹编制品的功能性，也彰显着传统工艺在可持续发展中的现实意义。藤竹编的低能耗制作过程也契合现代设计对碳足迹管理的要求，其自然属性为生态产品市场的开发奠定了基础。

（二）废弃材料的再生利用

黎族藤竹编传统工艺在现代设计中还通过与废弃材料的再生利用相结合，为可持续发展提供了全新的表达方式。藤竹材料可塑性使其在与废弃织物、旧金属、塑料等材料的混搭中展现了惊人的设计潜力。例如，在海南地区文创项目中，设计师通过回收废旧渔网与塑料瓶，将其与藤竹编织技法相结合，制作出既具有环保意义又具设计美感的实用产品。这种实践不仅延续着藤竹编的传统技艺，也让废弃材料在现代工艺中焕发新生。废旧渔网的纤维特性增强了藤竹制品的结构强度，塑料的多样色彩赋予了传统编织以更鲜明的视觉冲击力。基于再生材料的创新设计，不仅可减少资源浪费，还通过文化创意赋予产品市场吸引力与文化内涵，促进着传统工艺的可持续传承。

（三）生态系统平衡与社会责任

在可持续设计背景下，编织工艺还可以通过保护生态系统平衡与履行社会责任实现深远的价值。海南黎族藤竹编技艺植根于当地生态系统，核心理念是与自然和谐共生。现代设计师通过该理念，将藤竹编与生态保护紧密结合，如支持本地可持续藤竹种植计划，既满足设计生产材料需求，又能保护森林资源与野生动植物栖息地。藤竹编在现代设计中还体现着社会责任的传承，例如通过鼓励海南当地村民参与制作和培训项目，使传统技艺成为推动乡村经济发展的工具。这些项目不仅可为手工艺人提供可持续的就业机会，也通过文化创意产品的开发，将黎族传统工艺推向广阔的国际市场。整个过程中，编织工艺不仅可成为可持续发展的重要组成部分，也在环境保护与文化传承中展现着独特的社会价值，为未来可持续设计提供了丰富的灵感与实践经验。

二、数字化与智能制造对编织工艺的推动

（一）数字化技术在编织设计中的应用

数字化技术为传统编织工艺的现代化发展提供了支持，在编织设计阶段应用丰富了海南黎族藤竹编的表现形式与设计可能。通过数字化扫描和建模技术，设计师可以对藤竹材料的纹理、形状、结构进行高精度的数字记录与重现。这种技术不仅能完整保存黎族藤竹编的传统样式，还可为创新设计提供数据支持。例如，设计师可以通过计算机辅助设计（CAD）软件，对藤竹编中的传统纹样进行重组优化，从而创造出更具现代感与多样化的图案。这种数字化的设计手段还能快速生成不同风格的设计方案，方便设计师在不同设计方向之间进行选择，从而提升设计效率与艺术表现力。此外，数字化技术使传统藤竹编能以虚拟形式参与国际设计交流。通过3D建模技术，黎族藤竹编样式可以作为数字素材被广泛传播，不仅使传统工艺在国际设计界获得更多关注，也为其与其他设计语言的融合提供技术支持。

（二）智能制造提升编织工艺的生产效率

智能制造技术的引入，为海南黎族藤竹编的规模化生产和市场化发展提供了支撑。传统藤竹编以手工制作为主，生产效率相对较低，且在复杂图案的制作上存在一定的难度。智能制造技术，例如数字化编织机、全自动编织机器人，则提升了生产效率与精确度。这些设备通过程序控制与智能算法，可以根据数字化设计图快速完成复杂的藤竹编织工艺，从而保证传统纹样的细腻还原。例如，智能编织机能在保持藤竹原有韧性和弹性的基础上，通过精准的交叉编织工艺，实现传统图案与现代设计的无缝结合。这些设备还能根据生产需求灵活调整编织密度与结构形式，从而满足

不同市场的个性化需求。这种智能制造技术的应用，不仅使黎族藤竹编能以更高效率进入现代消费市场，还为传统工艺的传承创新注入了新技术活力。

（三）数字化营销与智能化生产的协同发展

数字化与智能制造技术的结合，不仅推动了海南黎族藤竹编工艺的技术升级，还助力其在现代市场中的传播与推广。在数字化营销方面，虚拟现实（VR）和增强现实（AR）技术的应用，使消费者能在线上直观体验藤竹编制品的材质与工艺细节。例如，通过AR试戴功能，消费者可以在购买之前直观感受到藤竹编饰品在实际佩戴中的效果，这不仅增强了购物体验，还提高了产品的市场接受度。同时，智能化生产的灵活性使藤竹编制品能快速响应市场需求，例如在高峰节假日或特定主题活动中，设计师可以根据消费者反馈，快速调整生产方案，推出更符合市场趋势的产品。此外，智能制造还推动了个性化定制服务的发展，消费者可以通过数字化平台直接参与产品设计，从纹样选择到编织方式，实现高度个性化的定制体验。这种数字化与智能化协同发展的模式，不仅扩大了黎族藤竹编的消费市场，还增强了其作为传统工艺在现代产业链中的竞争力，为其在国际化语境下的传承与创新开辟了新路径。

三、传统编织技艺的传承与创新发展

（一）传统编织技艺的文化传承与保护

海南黎族藤竹编是中国非物质文化遗产的重要组成部分，作为具有强烈地域性与民族特征的传统工艺，承载着黎族人民的文化记忆与生活智慧。文化传承是保护传统技艺的核心路径，关键是保持工艺的原始性与技法的延续性。例如，黎族藤竹编以当地特有的藤竹材料为基础，采用传统手工编织技法，表现出复杂的几何纹样和细腻的纹理结构，这些工艺特征不仅体现着黎族人民的生活美学，也蕴含着独特的自然观与文化价值。在文化传承中，保护传统技艺的原始面貌十分重要，通过建立非遗保护名录与支持手工艺人传承活动，可确保工艺在代际传递中不被遗忘。在教育和文化推广方面，组织藤竹编的技艺展示、培训课程、文化交流活动，能让更多的年轻人了解这一传统工艺的历史与艺术价值，以激发年轻一代参与传承的兴趣与责任感。例如，在海南的非遗传承基地，技艺高超的黎族编织匠人正在通过现代教育手段向学生和游客教授传统编织方法，推动文化的传播与保护。

（二）传统技艺的创新改造与市场化发展

在传承传统技艺过程中，创新发展是确保海南黎族藤竹编在现代社会中获得持续活力的关键所在。传统藤竹编在过去主要以生活实用品为主，例如藤篮、竹席等，功能性强，但在现代市场中竞争力有限。将传统技艺融入现代设计理念和消费需求中，是实现市场化发展的重要路径。例如，设计师将黎族藤竹编的传统纹样与现代时尚设计相结合，开发出富有民族特色的时尚单品，如手提包、装饰品、家居摆件，使传统工艺在时尚产业中焕然一新。通过材质与技法的创新，例如将藤竹编与金属、皮革等现代材料相结合，使传统技艺具备更高的艺术表现力与实用价值，从而满足现代消费者对品质与个性化的需求。这种市场化发展不仅为手工艺人提供广阔的生存空间，也能使传统工艺在商业化语境中得以延续。例如，海南地域文创品牌以黎族藤竹编为核心，开发出文化旅游产品，将传统工艺与现代市场成功对接，为工艺传承与创新注入了新活力。

（三）现代技术对传统技艺传承的助力

现代技术为海南黎族藤竹编的传承与创新发展提供了更多的可能性。数字化技术的介入，使传统工艺能以高效、广泛的方式传递与推广。例如，通过高精度扫描技术与数字建模技术，能将黎族藤竹编的纹样、技法、结构以数据形式存储传递，不仅便于教育机构进行非遗课程的教学，也为设计师在国际化语境中应用工艺提供了便利。此外，数字化平台建设为传统编织技艺的传播开辟了新路径。例如，部分文化创意企业通过短视频平台与电子商务渠道推广黎族藤竹编产品，将传统技艺的故事性与产品特性结合，吸引了大批消费者的关注。在生产端，智能制造设备引入，为传统手工艺人提供了新生产工具。例如，部分设计师利用3D打印技术辅助编织工艺，既能制作出复杂的图案与结构，也能保持手工艺的独特质感与文化内涵。这种传统技艺与现代技术的结合，不仅为工艺的传承与创新提供了全新的表达方式，也使海南黎族藤竹编在全球文化市场中具有更强的竞争力。

第五章

刺绣工艺在现代服饰设计中的应用

第一节

刺绣工艺的概念和特点

一、刺绣工艺的历史溯源

（一）刺绣的起源与发展历程

刺绣作为一种古老的装饰艺术形式，起源可追溯至人类文明的初期，伴随着服饰功能从单纯的实用性向装饰性和文化性的转变而逐渐发展。早期刺绣以简单的缝线形式出现，通过在兽皮、织物等材料上进行纹样的点缀，既可满足个性化表达的需求，也体现着人类的自然崇拜和审美意识的萌芽。在中国，刺绣发展历程贯穿了整个历史文明进程，早期雏形可以追溯至新石器时代的纺织与缝纫技术。考古发现，商周时期已出现装饰性刺绣图案，到了汉代，刺绣技艺在丝绸之路的推动下逐渐走向成熟，成为中外文化交流的关键媒介。唐代刺绣进入辉煌阶段，以精湛的技法与丰富的色彩表现出高度的艺术性，宫廷刺绣也达到了极致，成为传统文化的象征。宋元时期，刺绣技艺日益精细化，并发展出苏绣、蜀绣、粤绣、湘绣四大流派，各自呈现出不同的地域风格。明清时期，民间刺绣与宫廷刺绣相互交融，在技艺、题材、风格上实现了多样化与创新。刺绣不仅是一种装饰艺术，也逐渐成为身份象征、文化传承和社会互动的载体。尽管工业革命后机械刺绣的兴起对传统手工技艺形成冲击，但刺绣工艺艺术价值与文化内涵仍在现代服饰设计中占据关键地位。通过创新性的技艺改良与文化传承的双重实践，刺绣传统工艺焕发新的生命力，成为连接历史与现代的重要艺术桥梁。

（二）不同地区刺绣工艺的形成背景

刺绣工艺在世界范围内的形成背景丰富多样，不同地区的自然环境、文化传统、宗教信仰、社会经济形态共同塑造了刺绣艺术的独特风貌。自然环境是影响刺绣工艺形成的关键因素。例如，中国南方气候湿润，适宜种植桑树和养蚕，形成了以丝绸为基础的刺绣文化，如苏绣、粤绣，以精致的丝线为媒介表现细腻的自然纹样和人物风情。北方地区受干旱与寒冷气候的影响，多以棉麻为刺绣载体，呈现出厚重质朴的风格。海南黎族刺绣因气候条件丰富而多使用轻薄织物，其扎染刺绣技艺结合了色彩艳丽的传统图案，反映着地域性自然景观对设计的影响。文化传统与宗教信仰也是刺绣工艺发展的核心推动力。苗族、黎族等少数民族刺绣图案多呈几何纹样和植物主题，充分体现着宗教文化对装饰艺术的深远影响，刺绣常作为文化象征，融入龙凤、祥云等富有吉祥寓意的图案，反映了区域内的儒家、道家等文化特质。社会经济形态也深刻塑造了刺绣技艺的地域特性。中国明清时期的刺绣中心，如苏州和广州，因商业贸易繁荣形成了发达的手工业体系，推动着苏绣和粤绣的技法精进。总之，不同地区的刺绣工艺以其独特的自然条件、文化背景、经济发展水平为基础，在千百年的历史演进中形成了多样化的风格与技艺，并在全球文化交流与融合中焕发独特的艺术魅力与时代意义。

（三）黎族双面绣的历史传承

黎族双面绣作为海南黎族传统手工艺的杰出代表，承载着深厚的历史文化内涵，是黎族女性世代传承的关键技艺之一，发展历程与黎族人长期与自然环境共生共存的历史背景相关。黎族双面绣的起源与黎族的纺织文化密切相关，作为一种在同一块布料的正反两面同时展现完整图案的独特刺绣形式，其复杂性、精细度在传统刺绣工艺中具有独特地位。该技艺最早用于黎族传统服饰的装饰，例如织锦服饰、筒裙及背带等，通过双面绣展现出丰富的几何纹样、自然形象、神话符号，传递着黎族人对自然崇拜、祖先信仰、生活理想的深刻表达。在黎族社会中，双面绣不仅是一种装饰艺术，也是身份与文化认同的重要象征，女性刺绣技艺水平被视为衡量其智慧与勤劳的标准。黎族双面绣传承过程中在与外界交流互动中不断丰富与创新。明清时期，海南岛作为海上丝绸之路的节点，黎族刺绣与中原地区的刺绣工艺并存，传统纹样的表现形式逐渐受到汉文化影响，例如祥云、花鸟等图案被融入黎族刺绣中，双面绣独特的技艺风格仍然保留着鲜明的民族特色。20世纪以来，随着工业化推进与市场经济的影响，黎族双面绣一度面临传承断代的危机。近年来，通过政府的非遗保护政策及学术界和设计界的共同努力，双面绣得到了有效的传承与振兴。例如，传统黎族图案与双面绣技艺被应用于现代服饰设计与文化创意产品中，在保持文化精髓的同时，也能满足现代消费者的审美需求。通过传承人技艺展示、非遗进校园等方式，双面绣的历史文化价值得以重新被认识与推广。作为海南黎族民族智慧的结晶，双面绣不仅展现着黎族女性卓越的手工技艺，也成了中国非物质文化遗产的重要组成部分，其独特的艺术形式与文化内涵在当代社会焕发新的生命力，成为中华民族文化多样性的重要体现。

二、刺绣工艺的种类与技法

（一）平面刺绣与立体刺绣的分类

1.平面刺绣分类与特点

平面刺绣是刺绣工艺中最为传统且被广泛应用的一种形式，以二维图案为表现特征，针法与线条主要在平面上展开。根据工艺特点与文化背景，平面刺绣可分为手工刺绣与机器刺绣两大类。手工刺绣是传统工艺的代表，通过熟练的针法技巧在织物表面形成细腻的图案，如中国的苏绣、粤绣、湘绣等，展示了精湛的手工技艺与丰富的文化内涵。手工刺绣针法复杂多样，主要包括平针（图5-1）、锁针、打籽针等，每种针法都呈现出不同

图5-1 平针图案

的纹理效果与视觉表现力。机器刺绣是伴随着现代工业化进程产生的，通过刺绣机快速完成复杂的图案，生产效率更高，适合大规模工业化服饰生产。平面刺绣在表现技法上追求色彩的渐变、线条的流畅、图案的细腻，应用范围主要包括服饰装饰、家居纺织品、艺术品创作等。尽管机器刺绣效率高，但在纹理表现与文化传承方面，仍无法完全取代手工刺绣蕴含的艺术价值与情感表达。

2.立体刺绣的分类与发展

立体刺绣是刺绣工艺的创新形式，通过叠加和堆积刺绣线条或其他辅料，创造出具有空间感与立体效果的刺绣图案。这种刺绣形式通常分为两种类型：一是以针法为核心，通过反复堆叠线条呈现立体效果的刺绣，如浮雕刺绣和链式刺绣；二是结合材料与工艺，通过在刺绣中嵌入珍珠、珠片、金属丝等材质，形成复杂的立体装饰效果，例如钉珠刺绣、法国结刺绣。立体刺绣的视觉冲击力较强，常用于高端服饰、婚纱礼服、舞台艺术服饰设计中，以彰显奢华与独特的质感。在传统刺绣技法基础上，立体刺绣近年来也融入了现代技术手段，例如通过激光切割和3D打印生成复杂的刺绣基础图案，使其更加精确丰富。立体刺绣不仅是艺术表现形式，也成了推动刺绣技艺创新与市场扩展的重要载体，为刺绣工艺赋予了新的可能性。

3.平面刺绣与立体刺绣的对比与结合

平面刺绣与立体刺绣在视觉效果、工艺复杂度、文化表现方面存在显著差异。平面刺绣以细腻、柔美的纹理和图案见长，适合表现精致的传统文化与进行写实性的艺术表达；立体刺绣则通过空间感和材质的多样性强调装饰性与动态效果，在高端定制服饰、创意服饰中具有更大的应用空间。两者结合近年来成为刺绣工艺的重要发展方向。在现代服饰设计中，设计师主要将平面刺绣的细腻底纹与立体刺绣的浮雕花卉或珠片装饰相结合，通过不同层次的视觉效果营造出独特的艺术美感。在高端定制服装中，平面刺绣用于细节装饰，立体刺绣主要用于局部重点呈现，形成丰富的纹理对比与层次感。这种结合不仅拓展着刺绣工艺的表现力，还为传统刺绣注入了现代审美与技术创新，使其在当代服饰设计中焕发新的生机。

（二）黎族双面绣独特技法与工艺特点

1. 黎族双面绣起源与发展

黎族双面绣是黎族人民智慧与艺术结晶的代表，也是海南黎族文化中最具特色的纺织技艺。黎族是我国最早掌握纺织技艺的民族，其双面绣体现着丰富的文化内涵与技艺精湛的艺术表现力。双面绣起源于黎族润方言支系，被称为"本地黎"的妇女们主要聚居于海南岛腹地的白沙地区。双面绣起源可以追溯到数千年前，是黎族人民在生产生活中对自然、宗教、社会关系的艺术化表达。技艺主要应用于贯首衣等传统服饰的装饰，例如在袖口、衣服前片、下摆处绣制的大力神纹、人纹、龙纹、凤纹等图案，充分展现着黎族人民的宗教信仰与文化认同。双面绣以白色或黑色棉纱布为底布，主要采用红、黄、绿、白、黑五种色线，辅以其他颜色，整体色彩鲜艳且富有层次感。与其他刺绣形式不同，黎族双面绣的图案"底模"完全存在于绣者的记忆中，而非依赖图样或模板。需要绣者具备极高的记忆力与技艺水平，她们通常使用黑色线绣出图案框架，依据设计逐步填充颜色。黎族双面绣以"数纱"为基本手法，利用底布上的米字格计数，根据经纬线精准落针，这种细致入微的工艺决定着纹样的几何化呈现与整体艺术效果。独特性还体现在绣制过程中的走线与打结方式：每一针每一线都需要在上下两面同步形成对称的图案，背面与正面同样整洁美观，绣制过程中针线的起始不能打结，只能通过特殊针法将线头巧妙地藏匿固定。双面绣复杂性还在于针法与线条之间的严密关系，每一针落针都需保证垂直角度，避免穿透另一侧的图案，从而实现两面都得到完美的呈现。独特的工艺与高精度的针法要求，赋予了黎族双面绣极高的文化价值和艺术地位，也是黎族纺织艺术的核心标志。双面绣不仅承载着黎族历史和宗教信仰，也通过贯首衣等传统服饰中的应用，记录着黎族人民的生产活动、婚庆仪式等生活场景，体现了其作为无文字文化传承载体的重要功能。黎族双面绣独特技艺展示着黎族女性非凡的智慧与手工艺水平，是海南黎族非物质文化遗产的关键象征。

2. 黎族双面绣所用工具

工具所指的是完成或达成某件事需用到的器具，正所谓"工欲善其事，必先利其器"。双面绣在绣制之前，也需将绣制的工具准备妥当。黎族润方言区双面绣仅需将针，线、十字棉布、剪刀准备好即可操作。棉布：黎族双面绣对棉布的要求较为严格、一般使用经纬线交织成正方形布眼的十字棉麻布（图5-2），这样绣制出来的刺绣可以保证图案比例正确、不发生变形。因使用材料与一般的棉布有所不同，传承教学时使用的棉麻布一般由文化馆提供，文化馆将棉麻布承包给了第三方，也可在网上对所需的棉麻布进行购买。针：没有特定的用针需求，多为苏州或上海产地的刺绣用针；一般使用6、7、8三个型号的绣针比较顺手。线：一幅双面绣的作品一般使用四种颜色的植物染线或是与植物染色相近的工业染线即可，即蓝色、红色、黄色、咖啡色，或是绿色、红色、黄色、黑色。在绣制的时候，咖啡色若使用较多可以达到仿古的效果。

图5-2 双面绣棉布

3.绣线的染整方法

黎族染色技艺伴随生产生活的需要延续至今，既服务于传统饮食如红鸡蛋、姜黄酒、五色饭的制作，也应用于织锦、双面绣的工艺之中。黎族染色技艺采用口传心授的传承模式，强调因地制宜，充分利用本地植物作为主要原材料，较少使用矿物媒染剂，会通过各类天然媒染剂实现增色与固色的效果。在黎族润方言区妇女的双面绣制作中，主要颜色包括红、黄、绿、蓝、黑等，染整过程需根据颜色的不同而采取相应的植物提取与加工方法。在染整开始前，棉线需在清水中浸泡一天一夜以软化质地，提升上色效果。红色染料主要取材自苏木，染制过程需选取树龄五年以上的苏木树，将树芯切片后放入陶锅中煮沸，提取红色素（图5-3）。咖啡色染料以牛锤木或板栗树的树皮为主，将其切块后与牛皮一同熬煮提取色素。黑色染整需使用乌墨树皮煮汁后，将染色的棉线埋入田野的黑色泥土中，通过植物汁液吸收泥土颜色，经反复熬煮与埋染十次以上形成深黑色。蓝色与绿色染料多取材于植物的茎叶部分，如蓝靛草，制作方法兼具对传统的继承与创新，需在蓝靛草采摘后发酵，并添加适量火灰或石灰以加深颜色，从而增强固色性。黄色染料主要来源于姜黄，成熟根茎在阴历十月至次年三月汁液充足，通过揉搓或煮沸提取色素（图5-4）。媒染剂的使用在整个染整过程中十分重要，如咖啡色与黑色染整时需加入螺壳灰或碱水，蓝靛草在染整中则加入火灰或石灰，媒染剂用量须掌握适度，避免过量从而造成染色失败。无论采用煮沸法还是捣碎法，染整过程均需经过多次染色与晾晒，体现了工艺的复杂性和制作者的细致与耐心。由于染整过程中多依赖个人经验的判断，不同制作者手法可能会使颜色呈现出层次丰富的变化，这种技艺的独特性与多样性进一步彰显着黎族染色工艺的文化价值与艺术魅力。

图5-3 苏木材料与染色示例（来源：汤凯伊拍摄）

图5-4 姜黄染色过程（来源：王瑞妹拍摄）

4.黎族双面绣纹样分析

黎族双面绣的纹样丰富多样，包括人纹、龙纹、凤纹、人龙复合纹、鸟纹、几何纹等。这些纹样不仅承载着黎族人民对自然的赞美，还蕴含着对祖先和图腾的崇拜，具有深厚的文化象征意义。

人形纹是黎族双面绣中的主体花纹，主要表现人物形象、活动场景。润方言的黎族妇女通过人形纹描绘舞蹈、劳动和婚嫁等生活场景，寄托人丁兴旺与家庭幸福的寓意。与其他支系黎族的人形纹不同，润方言区妇女在创作时采用了极具特色的环叠套构图手法，在一个人剪影中叠加多个小人图案，形成头、身、手、腿、脚相套的小人群像（图5-5）。这种构图不仅表现出人物的高大威武，也展现了黎族妇女高超的纹样设计能力与对复杂构图的把控力。

图5-5　黎锦人形纹

龙纹作为重要的吉祥纹样，常出现在润方言区妇女的服饰下摆处。在黎族传说中，龙下雨能促进山兰稻的生长，象征风调雨顺与丰收喜悦。双面绣中的龙纹分为两种：一种是横向构图的爬行龙，形态以直线为主，龙头朝前，身体呈爬行状态；另一种是结构复杂的蛟龙纹样（图5-6），通

图5-6　黎锦龙纹

常与云纹结合，出现在高贵华丽的龙被（崖州被）等物品上，象征吉祥和富贵。这两种龙纹均反映着黎族人民对自然力量的崇敬及对美好生活的向往。

鸟纹作为春天与吉祥的象征，常见于贯首衣与筒裙等黎族服饰上。黎族人民认为鸟是春天的使者，代表幸福长久。双面绣中的鸟纹以抽象造型为主（图5-7），注重突出尾羽的细节表现，色彩搭配以黑色、黄色为主，

并点缀粉色和白色，整体设计具有强烈的视觉张力，寓意美好生活的持续与传承。

几何纹样是黎族双面绣中最常见的装饰纹样，也是中国历史上最早出现的原始装饰纹样之一。以三角形、四方形等为基本元素，润方言区妇女通过对点、线、面的巧妙组合，创造出形式多样的几何纹图案（图5-8）。这些几何纹样不仅体现着黎族人民对结构与规律的审美追求，还通过排列和组合赋予纹样强烈的艺术感，成为双面绣中不可或缺的组成部分。黎族双面绣的纹样设计独具民族特色，在抽象与具象、象征与现实之间达成了完美平衡。这些纹样既是黎族文化与信仰的艺术表达，也展现了黎族人民对自然与生活的深刻理解。

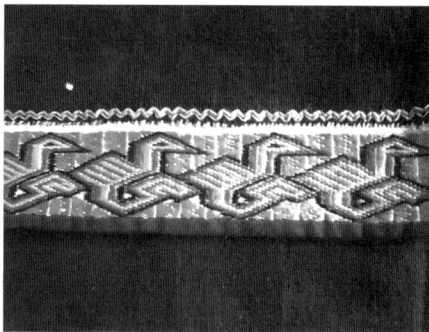

图5-7　润方言区甘工鸟纹　　　　　　　　　图5-8　几何纹麻织锦被面

5.黎族双面绣工艺特点

黎族双面绣以独特的工艺特点展现着高度的艺术性与文化内涵，主要包括抽象性、具象性、审美性三方面。首先，黎族双面绣的抽象性体现着创作者对自然形象的高度提炼与再创作。润方言区双面绣的图案多来源于黎族人民的生活环境，通过夸张、变形等艺术手法，将自然形象转化为适合刺绣制作的抽象符号。抽象性不仅是技术上的创新，也是黎族妇女在长期生产生活中形成的审美意识体现，彰显着对自然物象进行美化与取舍的艺术能力。其次，黎族双面绣通过点、线、面等表现手法反映日常生活中的具体物象。双面绣中的图案以不规则几何图形为主，强调对生活中物体的形似表达。这些图案不是简单地直接描摹，而是在黎族妇女多次接触与感受自然物象后，经过高度浓缩与艺术加工形成的。图案融合了现实与创作者的主观想象，展现着黎族妇女对生活和自然的深刻理解与创造能力。黎族双面绣的审美性是形式美与内容美的有机统一。形式美体现在纹样及排列上，主要由主体纹样和客体纹样构成，主体纹样位于中心，客体纹样环绕周边，主次分明、结构紧密，形成高度和谐的视觉效果。内容美通过花纹图案的阴柔、和谐特征表现出来，借助对称、均衡、圆润、柔和的设计形式传递出独特的美感与文化韵味。这种形式与内容的双重审美特质使黎族双面绣在民族工艺中占据重要地位，展现着极高的艺术价值与文化深度。

（三）不同刺绣法比较分析

1.平面刺绣与立体刺绣的工艺差异

平面刺绣与立体刺绣是中国传统刺绣技法中两种主要表现形式，在工艺手法、艺术风格、表现效果上各具特色，体现着不同民族刺绣的文化精髓。平面刺绣以二维平面为主要表达媒介，注重线条的排列与色彩的搭配，突出图案的平整、细腻、写实性。典型代表是苏绣，其以写实风格的双面绣、单面绣见长，通过极其细腻的针法呈现花鸟、山水等题材，线条流畅，色彩柔和，如同工笔画般精致。湘绣以鲜艳的色彩和生动的表现力著称，平面刺绣多采用长短针法，通过色彩叠加形成细腻的明暗过渡效果，以绣制虎、狮等动物形象为代表。立体刺绣以其三维表现能力为特色，通过针法、线材、辅助材料的巧妙结合，使图案凸显于布面，增强刺绣作品的空间感和触觉效果。粤绣中运用的贴布绣、堆绣、金线绣便是立体刺绣的典型表现形式，通过堆叠材料和金线勾勒，使绣品展现华丽的立体感和光泽效果。苗绣在立体刺绣中展现着强烈的民族风格，以繁复的堆绣工艺表现独特的花草、动物图案，充满生命力和视觉张力。平面刺绣更注重整体画面的和谐美与纹样的细腻性，立体刺绣则强调图案的动感和层次感，两者在技艺表达上互为补充，共同丰富着中国刺绣的艺术表现力，也在服饰、家居、装饰等不同领域中展现着多元的文化价值。

2.单面刺绣与双面刺绣的表现形式

单面刺绣与双面刺绣在针法运用、技艺要求和艺术效果上存在显著差异，各具独特的文化价值与艺术魅力。单面刺绣主要指在布料一面形成完整图案，另一面则不注重整洁，通常用于装饰性较强的日常服饰、家居用品。以苏绣为代表的单面刺绣技法，通过极为细腻的长短针法和色彩渐变的层次处理，能逼真地表现自然景物、花鸟鱼虫等图案，绣面如画，细致生动。苗绣中的单面刺绣则以其大胆的用色和极富民族特色的图案闻名，常用于刺绣披肩、围裙等，表达着苗族女性对自然与生活的热爱。双面刺绣在制作工艺上要求更为严苛，需要绣面和背面同时形成完全一致且整洁的图案，因此不仅要掌握传统绣工针法，还需在针线运用上极为精准。黎族双面绣是双面刺绣的典型代表之一，其独特的针法与结构设计使正反两面图案对称而富有美感，常用于黎族贯首衣袖口、衣襟等部位，承载着深厚的文化内涵和宗教信仰。苏绣中的双面绣则体现着更高的工艺水准，如同精美的艺术品，正反两面完全一致，常被用于屏风、挂饰等高端艺术装饰。在表现形式上，单面刺绣以注重正面视觉效果为主，适用于日常生活的实用性设计，双面刺绣以正反两面图案的完美对称和艺术性见长，多用于高端工艺品或文化传承物件。两者既反映着中国传统刺绣技艺的多样性，又展现着不同民族在刺绣艺术上的独特追求与工艺创造力。

3. 传统刺绣与现代刺绣的材料与工艺革新

传统刺绣与现代刺绣在材料与工艺上经历着深刻的革新，展现着中国刺绣技艺在时代发展中的适应性与创造力。传统刺绣以天然材料为主，主要使用丝线、棉线等作为绣线，底料多为丝绸、麻布、棉布等天然纤维织物。不同民族的刺绣材料选择展现了其地理环境与文化特征，如苗族刺绣多使用棉布、棉线，以鲜艳的天然植物染料上色，形成强烈的视觉冲击力；苏绣偏重高质量丝线与光泽柔润的丝绸底料，体现着江南地区工艺的精细与优雅。传统刺绣的工艺完全依赖手工，针法多样且复杂，主要包括长短针、平针、锁针等，通过匠人的技术与耐心完成一件绣品，时间与劳动成本较高。现代刺绣在材料与工艺上实现了重大突破，逐渐引入化学纤维与新型合成材料作为绣线和底料的补充。例如，金属丝线、涤纶丝线等被广泛使用，不仅降低了生产成本，还提高了绣线的耐用性与色彩丰富性。现代刺绣底料选择也更加多样化，除传统丝绸、棉布外，也包括环保材料、高科技纤维、耐磨性能更强的合成面料。这种材料上的革新满足了刺绣工艺在日常化、多样化应用中的需求，使刺绣产品更适合工业化生产、大规模推广。工艺方面，现代刺绣通过引入机器刺绣与数字化技术可提高效率与精准度。例如，电脑控制的多功能刺绣机可以精准复制传统刺绣图案，实现大规模生产。此外，数字化设计软件的应用让刺绣图案的创意设计更加便捷，设计师可以快速调整图案布局与色彩搭配，尝试多民族刺绣技艺的融合。例如，黎族双面绣与现代环保面料的结合，既保留着传统工艺的精髓，又赋予其当代创新意义。传统与现代刺绣在材料和工艺上的演进，不仅体现着技术的进步，也反映了刺绣艺术在文化传承与创新中的融合路径。通过材料的革新与技术的赋能，中国刺绣技艺在保持民族特色的同时，还开拓了广阔的应用场景与市场前景。

4.民族刺绣技法的差异与融合

中国各民族刺绣技法在发展过程中呈现出鲜明的地域特色与文化差异，不同技法体现着各民族对自然、生活与艺术的独特理解，在现代设计中也逐渐展现出融合与创新趋势。汉族刺绣，如苏绣、湘绣等，注重技法的精细与纹样的优雅，针法多样且复杂；苏绣中的"乱针绣"，通过细腻的针线层叠与渐变色彩呈现高度写实的画面效果；苗族刺绣则展现了浓厚的装饰性与色彩对比，技法多以挑花、贴布刺绣为主，结合大胆的构图与鲜艳的色彩表达民族文化的热烈情感。蒙古族刺绣受草原文化影响，多以动物、植物图案为主要内容，针法简练而富有动感，体现着草原文化的粗犷与奔放。不同民族刺绣技法的差异还反映在对制作工艺与材料的选择上。例如，黎族双面绣以无底稿刺绣为特色，利用特定针法实现正反两面图案完全一致的艺术效果，这种高度的技艺精细度在其他民族刺绣中较为少见。壮族刺绣常以绣布上点状计数的方式完成几何图案，与苗族刺绣注重自由构图形成鲜明对比。藏族刺绣中独特的"堆绣"技法，以多层次叠加方式形成具有立体感的宗教艺术品，与汉族刺绣追求平面细腻美感的风格迥异。

在现代设计中，刺绣技法逐渐突破传统文化的边界，通过设计师的创新融合得以共存。例如，苏绣的细腻针法与苗族刺绣的大胆配色相结合，形成新型的装饰风格，黎族双面绣的抽象几何图案也被融入现代时尚设计，与其他民族刺绣技艺实现着形式与内容的双重对话。在国际化设计语境下，不同民族刺绣通过共同呈现中国多元文化魅力，推动着刺绣技法从单一民族符号向跨文化表达的演变。民族刺绣技法的差异与融合，不仅是对各民族传统文化的传承与保护，也是现代设计中彰显文化多样性的关键路径。通过对不同技法的深入理解与创造性运用，刺绣艺术展现出与时俱进的生命力，为中国传统工艺在当代设计中的复兴注入了新的可能性。

第二节

刺绣工艺在现代服饰设计中的多元创新

一、图案突破思维定式的创新设计与运用

（一）装饰模式的创新

刺绣工艺在现代服饰设计中的创新重点在于对传统装饰模式的突破，通过重新构建刺绣在服饰上的运用方式，拓展了其作为装饰元素的表现力。传统刺绣多以对称、重复的装饰模式为主，注重纹样的整体性与工整性，而在现代服饰设计中，装饰模式逐渐从传统的平面化排列转向更具立体感与动态性表达。例如，将刺绣从衣领、袖口等边缘部位延伸到服装整体，通过不规则布局打破传统的局限，使刺绣成为服饰的核心设计元素，而非仅为点缀。这种装饰模式的创新，不仅可提升刺绣的视觉冲击力，也可增强其在现代服装设计中的艺术表现力。设计师通过引入镂空绣与透视设计，将刺绣与面料的材质特性紧密结合，使其在整体服装结构中呈现出更强的层次感。在礼服设计中，采用纱质材料与刺绣结合，将刺绣花纹镶嵌在纱面上，既保持着整体的轻盈质感，又在光影变化中展现出刺绣图案的细腻效果。装饰模式的创新还体现在动态性元素的加入，如在刺绣中融

入流苏、立体花饰等装饰品，可增强刺绣的动态表现力。通过这些创新设计手法，传统刺绣可从静态的纹样表达走向自由的动态视觉效果，使其在现代服饰中焕发出全新的生命力。这种对装饰模式的重新定义，既延续着传统刺绣的文化内涵，又通过形式与材质的革新，使其更契合现代消费者的审美需求，从而拓展了刺绣工艺的应用领域与艺术价值。

（二）打破构图的完整性

在现代服饰设计中，刺绣工艺创新主要体现在对传统构图完整性的颠覆与重构，这种设计理念突破了刺绣图案必须完整呈现的传统观念，为服饰设计带来了更强的视觉张力与现代感。传统刺绣多追求对称性、完整性，强调纹样在构图上的严谨性与图案边界的闭合性，然而，这种形式在当代时尚中显得过于保守。现代设计师通过大胆拆解传统刺绣图案，并采取局部展示、边界模糊、纹样叠加等方式，使刺绣呈现出一种不受限制的自由形态。例如，设计师可将刺绣图案的单独部分延展到服装的不同部位，使其脱离特定区域的束缚，形成文化"延续"的视觉效果，这种做法不仅能增强现代服饰的整体感，还赋予了刺绣更多的动态表现力。设计师还通过不规则的拼接手法，将传统纹样拆分后以碎片化的形式重新布局，以此来打破构图的连贯性，创造出富有层次感的装饰效果。设计中常融入半透明或未完成的纹样元素，通过局部刺绣与面料空白区域的对比，可制造"残缺之美"的意象，展现出不对称、不闭合的设计语言。这种对构图完整性的打破通过动态、自由的设计形式赋予了传统刺绣更强的生命力与艺术表达力。此外，打破构图完整性的设计手法还注重与现代服饰结构的契合，通过刺绣延展服装廓型或增强材质对比，为刺绣在现代服饰设计中开辟了广阔的表现空间。由此，刺绣不再仅是附属于服饰的装饰细节，而是成为与服装整体设计深度融合的艺术语言，展现着传统工艺与现代设计理念的创新碰撞。

（三）增强服装饰体性

在现代服饰设计中，刺绣工艺不仅是视觉装饰的关键手段，也在增强服装饰体性方面发挥着关键作用，使服饰艺术价值与实用性得以平衡统一。饰体性是指服饰在视觉观感、结构设计、穿着体验上共同呈现的综合效果，刺绣工艺的应用通过纹样、质感、材质的多样化，深化了服装的层次感和立体感。传统刺绣多注重二维平面的图案呈现，在现代设计中，刺绣工艺可通过结合立体针法、复合材料、多重工艺，从而赋予服饰更多的触感层次与动态美感。例如，在礼服设计中，立体刺绣工艺可通过局部的厚重绣线、叠加的材质组合和高光面料的交互，从而营造出浮雕式的纹样效果，使服饰在视觉上更具冲击力，赋予穿着者华丽与精致的独特气质。刺绣还通过与服装剪裁、结构的深度结合，以此来突破单纯装饰的局限性，将工艺效果融入服装本身的造型设计。例如，在肩部、袖口、裙摆处通过大面积刺绣形成结构化装饰，既能增强服装的设计感，又能在廓型塑造中起到作用。为强化饰体性，设计师还可利用刺绣的光影效果与材质肌理的变化，使服装在不同光线与动态下展现出丰富的层次感与视觉延展性。刺绣的饰体性还体现在对服装整体风格的强化作用中。例如，传统刺绣图案与现代极简风格服饰的结合，使简约设计中增添了独特的文化符号；结合现代刺绣技术的运动服饰通过精细的几何纹样或流线型设计，展现出现代感与科技感的融合。这种饰体性的增强，让刺绣在现代服饰中不仅是装饰手段，也是一种赋予服装以独特身份和风格语言的核心设计方式，彰显着传统工艺在时尚设计中的创新生命力。

二、新材料在服饰中的创新设计与运用

（一）休闲服饰中的毛线刺绣

毛线刺绣作为结合传统工艺与现代设计的新兴装饰形式，在休闲服饰领域展现出独特的艺术魅力与实用价值。毛线因柔软的质地、丰富的色彩、优越的可塑性，为休闲服饰注入了温暖与个性化的设计语言。相比传统刺绣中使用的棉线、丝线，毛线的粗细变化及肌理感使其在图案表现上更加立体、生动。设计师可将毛线刺绣运用于针织衫、卫衣等材质柔软的服饰上，通过毛线与服饰面料的自然融合，增强整体的触觉质感与视

觉层次感。例如，在宽松卫衣的胸前或袖口处加入毛线刺绣图案，可呈现立体而富有层次的装饰效果，使单品更具趣味性。毛线刺绣的表现手法突破了传统刺绣平面化的限制，从而赋予休闲服饰设计更为多样的艺术表达空间。通过利用毛线的不同粗细，设计师可以在服饰上形成极具肌理变化的装饰纹样，如几何图形、花卉纹样、抽象图案等。毛线刺绣的多色混搭也赋予图案更多的活力与层次感，使服饰在休闲风格中透露出个性化的艺术韵味。毛线刺绣不仅在视觉上起着装饰作用，还通过毛线柔软温暖的触感增加了服饰的舒适性，在冬季服饰中，厚实的材质与保暖特性与服装功能需求形成高度契合。随着现代工艺技术的发展，毛线刺绣的创新应用已不仅限于手工制作，先进的机器刺绣技术使大面积复杂纹样的制作成为可能，这种方式既能保留传统手工艺魅力，又能提升生产效率，从而让毛线刺绣得以广泛地运用在大众休闲服饰中。

（二）成衣中的绳带绣

绳带绣作为刺绣工艺的创新表达形式，凭借独特的立体质感与强烈的装饰效果，在成衣设计中展现出极高的应用价值。与传统平面刺绣相比，绳带绣通过将绳带材料固定在服饰表面，形成明显的浮雕式纹理，突破了刺绣的平面局限，使服饰呈现出更加鲜明的层次感和触觉体验。这种工艺会采用宽窄不一、材质多样的绳带作为主要装饰元素，结合服装的整体设计进行个性化图案创作。在成衣设计中，绳带绣可运用于风衣、外套、裙装等中高端成衣产品上，通过将绳带与服饰的剪裁线条、图案构成相结合，强化服饰的设计感与结构性。例如，在风衣的肩线或腰线位置，设计师可利用绳带绣形成延展性的线条装饰，既能提升服饰的视觉延伸性，也可使整体设计更加精致有层次。在裙装的下摆或胸口处，绳带绣以花卉或几何图案的形式出现，从而凸显女性服饰的柔美与立体感。绳带绣通过对材料的灵活运用展现出多样化的装饰效果，不同材质的绳带如丝绒、棉麻、金属质感的绳索，均能赋予成衣不同的视觉韵味与艺术风格。例如，丝绒绳带绣适用于展现高贵典雅的服饰风格，金属感绳带多用于塑造现代感和未来感的设计语言。绳带绣的色彩选择也为成衣带来了丰富的设计可能性，单色绳带的简洁大气与多色绳带的活力灵动使其能适配多样化的设计需求。在工艺表现上，绳带绣结合了传统刺绣与现代缝纫技术，绳带的固定可以通过手工缝制或机械缝纫完成，使其在高端定制与大批量生产中均能实现。绳带绣的高可塑性也让设计师能自由地探索创意表达，将传统工艺的精致性与现代成衣的实用性完美结合。

（三）时装中的珠片绣

珠片绣作为极具装饰性的刺绣技艺，在时装设计中展现出强大的视觉冲击力与独特的奢华魅力，成为现代时尚设计不可或缺的元素。这一技法通过将珠片、亮片等材料以手工或机器形式固定在织物表面，可形成极具光泽感与立体感的装饰效果，使时装在光线的反射下展现出绚丽的视觉表现力。珠片绣在时装中的应用不仅限于晚礼服和舞台服装等高端场景，也逐渐融入日常时尚中，为现代服饰增添精致的细节、艺术性。在晚礼服设计中，珠片绣以大面积的密集排列展现出整体的光辉效果，通过将珠片按照渐变、波纹、几何构图进行排列，不仅能突出服装的线条感与动感，还能塑造出奢华而优雅的氛围。在裙摆或袖口等重点位置加入珠片绣细节，可以强化设计的焦点，使服装更具立体感、吸引力。在日常时装中，珠片绣以简约的方式呈现，通常点缀于衣领、胸口、口袋位置，通过珠片的闪光效果提升整体设计的趣味性与时尚感。例如，在T恤或针织衫上，通过少量的珠片绣构成简单的文字或抽象图案，既可增加服饰的设计层次，又避免了过于复杂的装饰影响日常穿着的实用性。珠片绣的材质选择也为设计师提供了丰富的创作空间，不同材质的珠片如金属质感、透明塑料、多色涂层的珠片，从而塑造出未来感、浪漫感等艺术多样化风格。此外，珠片的大小和形状也影响着装饰效果，如小颗粒珠片能呈现细腻精致的图案，大颗粒珠片适合表现强烈的装饰性与存在感。在工艺层面，珠片绣结合着传统手工刺绣的精湛技艺与现代科技的高效优势，通过电脑辅助设计（CAD）或智能刺绣机，从而提升复杂珠片图案的制作效率与精确度。这种技术创新不仅能降低高难度刺绣的时间成本，也让珠片绣能被更广泛地应用于服装市场的各个层次。

三、新工艺在服饰中的创新设计与运用

（一）手工艺转变为现代化工业生产

手工艺转变为现代化工业生产是服饰设计和制造领域的革新，体现着传统工艺在效率提升与市场化应用上的深度拓展。在传统服饰生产中，手工刺绣、编织等技艺主要依赖工匠的个人技艺和创意，这种方式虽然精美独特，但由于耗时长、效率低及规模化生产的困难，在现代时尚产业中受到较大限制。随着工业化生产技术被引入，传统手工艺逐步被整合进机械化、自动化的生产流程，通过科技手段将复杂的手工技艺高效化、标准化。这种转变的核心是将传统手工艺的精髓与现代工业技术相结合，在保留传统工艺艺术价值的同时，满足现代服饰市场对大规模生产、成本控制、快速交付的需求。例如，现代刺绣机的应用将传统手工刺绣复杂的针法与纹样转化为数字化设计，通过精确的机械操作实现高效的重复刺绣，这种技术可大幅提高生产效率，从而使复杂的刺绣图案能快速批量化生产。工业化生产还可引入诸如激光切割、数控裁剪、3D打印等先进工艺，将传统工艺中的线条设计与图案构成通过数字化技术实现高度精准的再现。这种技术普及使传统工艺的应用范围得以扩展，不仅限于高端定制领域，还可应用中端市场乃至快时尚品牌，从而提高传统工艺的市场适配性与竞争力。另外，现代化工业生产并未完全取代手工技艺的价值，而是通过数字技术保留并传承手工艺的核心美学特征。例如，在高端定制服装的制作中，传统手工刺绣与编织细节被保留下来作为点睛之笔，与工业化生产的高效性形成互补，为服饰注入了独特的艺术价值与文化内涵。此外，现代化生产技术还可通过大数据、人工智能分析消费者需求，从而提供高度个性化的服饰设计服务，如在工业生产中结合手工艺特征实现私人定制，从而提升产品的市场吸引力。通过将手工艺转变为现代化工业生产，传统工艺不仅能焕发新的生命力，也可实现技术与艺术、功能与美学的深度融合。

（二）个性化的贴片绣工艺

个性化贴片绣工艺是将传统刺绣与现代设计需求相结合的创新形式，

特点是灵活的制作方式、独立的图案呈现、高度的适配性。不同于传统刺绣直接在面料上进行图案刺绣，贴片绣通过将图案独立制作成可贴合或缝合的单独绣片，再与服饰主体相结合，以此来实现图案设计和服饰搭配的多样化。这种工艺以便捷性与可重复使用的特点，在服装设计中被广泛应用在个性化、快速迭代需求日益增强的时尚领域。贴片绣的工艺流程主要包括图案设计、独立制作、后期固定三部分。设计师可以根据服饰的风格与主题，选择绣线、布料等材料，用手工刺绣、机器绣、激光切割等技术制作贴片。制作完成后，通过黏合、缝纫、热转印等方式将贴片固定在服饰上。这种独立制作的特点，使设计师能灵活调整贴片的设计风格、颜色搭配、图案位置，从而满足消费者对个性化服饰的需求。贴片绣工艺优势在于其可拆卸性与重复利用性。消费者可以根据自己的偏好选择不同的贴片样式，将其应用于不同的服饰或不同的部位，创造出多种搭配效果。这种模块化设计不仅可提高服饰的互动性、趣味性，还可延长服饰的使用寿命，也符合现代时尚对可持续设计的要求。在时尚产业中，贴片绣工艺被应用于高端定制与日常服饰设计。在高端定制领域，贴片绣与复杂的刺绣工艺、珠片装饰、立体裁剪相结合，呈现出极高的艺术价值与设计感；在大众服饰领域，贴片绣以更加年轻化、趣味化的方式出现，如品牌标志、潮流符号、卡通形象等，赋予服饰更丰富的文化内涵和市场竞争力。个性化的贴片绣工艺通过其灵活性和创新性，为现代服饰设计增加了新可能性，推动着传统刺绣在当代时尚中的多元发展。

（三）低成本的仿刺绣工艺

低成本的仿刺绣工艺是以模拟传统刺绣效果为目标，采用现代工业化生产技术实现高效生产的创新工艺形式。与传统刺绣相比，仿刺绣工艺不依赖复杂的手工操作或高成本的刺绣设备，而通过数码印花、热转印、胶印等现代技术，利用特殊的染料与印刷工艺，将精美的刺绣图案以视觉仿真的方式呈现在服饰面料上。此类工艺不仅可大幅降低生产成本与时间投入，还能满足快速消费市场对刺绣元素的需求，成为时尚行业中实用且经济的解决方案。仿刺绣工艺核心特点是通过技术手段模拟刺绣纹样的质感和立体效果。采用高清数码印花技术，可以在不同材质的面料上呈现出细腻的刺绣纹理，主要包括针脚的方向、绣线的光泽感、色彩的渐变效果。通过热转印技术，仿刺绣图案能牢固附着于织物表面，具有优异的耐洗性和色牢度，可确保其在实际穿着与清洗过程中不易脱色或变形。此外，为提升仿真效果，部分工艺会在印刷基础上结合轧花或局部加厚技术，增强刺绣图案的立体感。低成本的仿刺绣工艺具有极高的应用灵活性，适用于多种服饰类型和消费场景。例如，在运动服饰中，仿刺绣工艺常被用来装饰品牌标志、数字编号、运动主题图案等，其轻便、不增加服饰重量的特点，契合运动服饰对舒适性与功能性的要求；在日常休闲服饰中，仿刺绣技术则可应用在T恤、牛仔外套、卫衣中等，通过多样化的图案设计，增加服饰的视觉亮点与时尚感。仿刺绣工艺也被用于快速时尚品牌的生产中，能快速响应市场潮流趋势，以较低的成本实现批量化生产。虽然仿刺绣工艺在视觉呈现上难以完全替代传统手工刺绣的文化内涵与艺术价值，但其低成本、高效率、广适用性的特点，弥补着传统刺绣在大规模生产中的局限性，为时尚产业提供了更丰富的设计可能性与市场竞争力。通过技术与艺术的结合，仿刺绣工艺在推动传统元素普及化的同时，也助力刺绣艺术在现代服饰设计中得到更广泛的应用。

四、新的设计理念在现代服饰中的运用

（一）多种材料的混合运用

多种材料的混合运用是现代服饰设计中表现创新和多元化的关键手段，通过将不同材质的特性相结合，赋予服饰独特的视觉效果、触感、功能性。传统服饰设计局限于单一面料的使用，现代设计师则在追求独特风格的过程中，运用多种材料的混合搭配，将天然纤维、人造纤维、新型科技材料进行有机结合，探索全新的设计表达。例如，将柔软的丝绸与硬朗的皮革相结合，可以形成刚柔并济的美感，通过透明的纱质与金属材料的拼接，营造出极具未来感和层次感的效果。这种创新方式不仅可打破传统服饰设计的限制，还可为服饰注入强烈的艺术感与现代气息。在功能性方面，多种材料的混合运用能满足消费者多样化的需求。例如，在户

外服饰中，设计师会将透气性良好的棉布与防水性能优异的科技涂层面料相结合，以实现舒适性、实用性的平衡；在运动服饰中，弹性优良的氨纶与耐磨性良好的聚酯纤维拼接，可以提升服饰的耐用性与运动自由度。多种材料的结合在高端时装中得到充分体现，通过刺绣、珠片、羽毛、金属链条等材质的交叉运用，使服饰更具奢华感、雕塑感。多种材料混合运用的挑战在于不同材质之间的性能协调与技术整合。例如，天然面料与科技材料在缝制和洗护要求上存在显著差异，设计师、工艺师可深入研究其物理、化学特性，通过创新工艺手段解决兼容性问题。材料的拼接与搭配还需要确保整体的美学平衡，避免因过多材质的叠加而造成设计冗余或视觉杂乱。随着可持续设计理念的兴起，设计师在材料选择上也越来越注重环保性和可回收性。例如，将再生涤纶与有机棉相结合，不仅能满足环保需求，还可提升服饰的时尚性与市场吸引力。

（二）多种工艺的综合运用

多种工艺的综合运用是现代服饰设计中打破单一技术局限，实现创新表达的关键路径。随着设计理念的多元化与消费者对个性化需求的提升，设计师逐渐将刺绣、印花、拼接、激光切割等不同工艺进行巧妙融合，创造出更具层次感、细节丰富且兼具实用性与艺术性的服饰作品。刺绣与印花的结合是最为常见的综合运用形式。刺绣工艺擅长凸显图案的立体感与质感，印花技术则以丰富的色彩表现力见长。当两者相结合时，通过印花技术可实现大面积的背景图案设计，再在特定区域通过刺绣工艺进行重点装饰，形成图案的主次对比与层次变化。例如，现代高端定制礼服中常见以柔美的花卉印花为基底，配以细腻的珠片刺绣点缀，不仅可提升整体的视觉美感，还可赋予服饰更强的细节表现力。除刺绣与印花，拼接与激光切割工艺的结合也是现代服饰设计的亮点。拼接工艺通过将不同质地、颜色、纹理的面料进行拼接组合，展现出多元材质交织的艺术效果。激光切割技术能实现高精度的图案雕刻或镂空处理，两者结合后，可以在拼接面料上进行精致的镂空设计，创造出轻盈感与通透感的视觉效果。在礼服和时尚外套中，镂空的拼接设计能展现独特的现代感与艺术气息。传统工艺与现代技术的结合也为服饰设计注入了更多可能性。例如，手工编织与数码打印技术的融合，通过数码打印实现复杂图案的高效呈现，再辅以手工刺绣或编织工艺，使设计既具现代科技感，又保留着传统工艺的温度与质感。工艺综合运用也对技术要求提出了更高的挑战。不同工艺在材质适配、工序衔接上的协调性，直接影响成品的美观性、耐用性。例如，刺绣线材与激光切割的面料厚度匹配问题，印花工艺对拼接缝线的遮掩处理，都是需要设计师、工艺师共同解决的难点。通过多种工艺的运用，服饰设计得以超越单一表现形式的限制，融合多样化的艺术语言，打造出兼具创新性与实用性的作品。

第三节

刺绣工艺在现代服饰设计中的
应用案例

一、黎族双面绣的文化传承与创新应用

（一）黎族双面绣在传统服饰中的传承实践

黎族双面绣作为黎族文化的重要组成部分，是海南黎族润方言区妇女服饰文化的精华，承载着丰富的历史文化内涵和艺术价值。双面绣在传统服饰中主要应用于贯首衣、筒裙、头巾等日常及礼仪服饰，展现着黎族人民对自然崇拜、宗教信仰、美好生活的追求。贯首衣袖口和下摆处常饰以对称的龙纹、凤纹、几何纹，表现出黎族人民对风调雨顺的渴望及图腾崇拜的文化特质。这些纹样通过双面刺绣工艺表现得细腻生动，两面图案一致，针脚匀称严谨，充分体现着黎族润方言区妇女的艺术创造力。在日常服饰中，双面绣的纹样不仅起到装饰作用，还传递着身份与社会地位的信

息。刺绣的复杂程度、色彩搭配及纹样主题反映着穿着者的年龄、婚姻状况、家族背景。例如，婚嫁服饰中绣制的龙凤纹象征吉祥如意，在祭祀场合中穿着的服饰以具有宗教象征意义的人形纹和鸟纹为主。这种通过刺绣传递文化符号的方式，延续着黎族社会的礼仪传统和价值观念。双面绣的传承依赖口传心授的方式，制作者主要是从家族女性长辈处学习，但其工艺在千年的发展过程中始终保持着高度一致性。每一件贯首衣的双面刺绣不仅记录着黎族的生产生活，还以深刻的文化内涵与高超的艺术价值成为海南黎族文化的视觉符号。随着现代生活方式的改变，黎族双面绣的传统传承模式正面临冲击，部分工艺已逐渐失传。因此，针对传统服饰中双面绣的保护和再现显得尤为重要。在传承实践中，通过对传统贯首衣和筒裙进行样式和图案的复原研究，使其作为文化遗产保存下来，可为后续工艺创新与现代化应用奠定基础。

（二）双面绣技艺在现代时尚中的重塑

黎族双面绣技艺在现代时尚中的重塑，是传统文化与当代设计理念相结合的创新实践。设计师通过挖掘双面绣的文化符号与艺术价值，可将双面绣技艺重新融入现代时尚语境，使其在保持民族特征的同时，充分满足当代消费者的审美需求。例如，双面绣中经典的几何纹样，通过与现代服装廓型的结合，可应用于风衣、连衣裙、手袋等时尚单品中。这种以极具民族特色的纹样为设计灵感的创作，不仅可强化服饰的文化认同感，还因纹样的抽象化、简约化，使其更符合国际化的时尚语言表达。现代设计还注重将黎族双面绣与高科技面料结合。例如，通过在轻薄的真丝和亚麻布料上绣制双面纹样，设计师实现了传统工艺在高级定制时尚中的新表现形式。这种应用方式，不仅保留着双面绣的手工艺术价值，还通过面料的现代化提升服饰的实用性，使双面绣中的文化象征意义也被重新诠释。设计师通过对龙凤纹样、鸟纹等经典符号的局部提取与图案重组，使传统刺绣纹样能传递当代的设计美学与情感意图。例如，以龙纹象征权力与力量，将其融入现代商务套装或奢华礼服中，既彰显着传统文化的深厚底蕴，又凸显着时尚服饰的独特品位。现代时尚设计还注重多样化的表达手法。例如，将双面绣技术与3D打印、激光切割等科技相结合，使刺绣纹样在视觉上更加立体鲜明。通过这些方式，黎族双面绣得以在国际时尚舞台上大放异彩，不仅推动了传统技艺的现代化发展，也让更多人关注这一独特的文化艺术形式。

（三）文化遗产保护与黎族双面绣的市场化探索

黎族双面绣作为国家级非物质文化遗产，在经济全球化与制造业现代化背景下，保护与市场化探索成为创新策略。保护工作主要通过非遗传承人制度和教育培训等形式展开，如培养年轻一代对双面绣技艺的兴趣，将传统技艺的基本针法、构图方法、色彩运用作为职业教育的核心内容。这种教育形式可确保双面绣在新时代背景下的技术传承，通过与现代文化和市场的对接，可增强传统技艺的生命力。在市场化方面，双面绣逐渐从传统服饰装饰走向了多元应用领域。设计师通过与手工艺人合作，将双面绣技艺应用于时尚配饰、家居饰品、艺术装置中。例如，采用双面绣技艺制作的围巾、手袋、抱枕，以精致的工艺与深厚的文化内涵吸引了大批消费者。这些产品不仅保留着传统双面绣的细节美，还通过现代设计语言与功能性适配，从而满足市场的多样化需求。此外，文化遗产的市场化探索也开始注重品牌化运营。部分地方政府与企业联合创建双面绣品牌，以品牌文化为桥梁向消费者传递黎族文化的核心价值。例如，以双面绣为特色的高级时装品牌，通过国际时装周和艺术展览等平台推广，让双面绣文化价值与商业价值在全球范围内得到广泛认可。数字化技术为双面绣的传播与推广提供了新工具。通过互联网平台展示刺绣过程、纹样设计、产品应用，消费者不仅能了解双面绣的工艺特点，还能参与定制化产品设计。这种互动式的传播方式，不仅能提升双面绣的市场认可度，也可增强消费者对非遗的兴趣与认同。通过保护与市场化的双重策略，黎族双面绣得以在现代社会重焕活力，从而在文化传承与经济发展之间实现动态平衡。

二、黎族双面绣与跨文化时尚设计

（一）黎族双面绣在国际品牌中的表达实践

黎族双面绣作为中国传统工艺的杰出代表，近年来逐渐受到国际品牌的关注，成为跨文化时尚表达的关键载体。双面绣的独特工艺特性与鲜明的文化内涵为国际时尚品牌提供了丰富的设计灵感。部分奢侈品牌通过与黎族非遗传承人合作，将双面绣技艺引入产品线中。例如，国际知名品牌在高级定制服装、时尚配饰、限量系列中，融入了双面绣独具特色的几何纹样和抽象图案。这些设计不仅展现着双面绣高超的工艺水平，还将传统图案重新解构，使其与现代服饰的线条和廓型形成独特的视觉碰撞。以龙凤纹、鸟纹为代表的传统纹样，经过简化和抽象处理后，可赋予服饰国际化的设计语言，展现了兼具传统韵味与现代时尚感的独特魅力。此外，部分品牌还将黎族双面绣作为文化符号植入全球营销策略中，通过品牌故事传递刺绣工艺背后的文化意义。国际时尚品牌推出以黎族文化为主题的季节性系列，邀请黎族刺绣大师参与设计，在发布会上展示双面绣的制作过程。这种方式不仅可增强品牌的文化深度，也让消费者对黎族传统工艺产生了更多兴趣。例如，五指山与国际时装设计师谭燕玉（Vivienne Tam）女士合作，在法国巴黎亚历山大三世桥俱乐部成功举办了Vivienne Tam X黎族2025春夏巴黎时装周大秀活动（图5-9）。该系列以海南五指山的热带雨林植被、丰富的动物群等作为背景，共推出10款独立设计的黎锦元素面料。这些面料不仅展现了黎锦的传统技艺和独特魅力，还融入了现代时尚元素，使黎锦在国际化市场中焕发出新的活力。被誉为中国纺织业"活化石"的黎锦，以其精湛的制作工艺和深厚的文化底蕴，走上了巴黎时装大

图5-9　中国传统民族元素和美式风格的碰撞（来源：Vivienne Tam X黎族2025春夏时装系列）

秀的舞台。这次展示不仅让世界看到了黎锦的独特魅力，也为中国传统民族传统文化在国际舞台上赢得了更多的关注和认可。同时，这也为海南民族文化的传承和发展注入了新的动力。通过国际品牌的表达实践，黎族双面绣得以被更广泛地传播，从而推动非遗的现代化转型与国际化表达。

（二）黎族双面绣与其他民族刺绣的对话与融合

黎族双面绣与其他民族刺绣的对话与融合，是跨文化时尚设计中的重要路径。这种融合不仅促进了民族工艺之间的相互借鉴与创新，也为现代服饰设计注入了丰富的文化内涵。在服饰设计中，黎族双面绣的几何纹样与苗族刺绣中的复杂花卉图案相结合，形成了既对立又和谐的设计美学。黎族刺绣以点、线、面的几何化表现见长，强调形式美、结构感，苗族刺绣更注重图案的细腻描绘与色彩的丰富性。通过设计师的创意整合，两种刺绣技艺在现代服饰中得到了巧妙的结合，不仅保留着各自的文化特征，也展现着多元文化交融的时尚魅力。同时，黎族双面绣与彝族、壮族等少数民族刺绣在设计理念与技术上的结合，也为现代时尚开辟了新可能。例如，黎族双面绣独特的双面表现形式，与彝族刺绣中精致的色彩搭配与层次感形成互补，使服饰纹样既富有立体感，又不失整体的简约性。设计师通过将黎族龙纹与其他民族的图腾符号进行重新组合，为现代时尚产品赋予了跨文化的象征意义。这种结合还体现在功能性与艺术性的统一上。例如，部分设计师将黎族双面绣的针法与现代针织工艺相结合，在保留刺绣手工感的同时，提升了产品的实用性与市场适配性。这种对话与融合不仅推动了民族工艺在现代时尚中的发展，也为中国少数民族刺绣的国际推广提供了新路径。

（三）黎族双面绣在跨文化设计中的国际化表达

黎族双面绣在跨文化设计中的国际化表达，是传统工艺走向国际化的关键实践。在经济全球化背景下，设计师通过将黎族双面绣融入跨文化语境，为其注入新的时代价值与设计语言。在国际合作中，部分设计师通过与黎族刺绣匠人的深度合作，将双面绣技艺应用于国际时尚周的高端秀场上。在服饰设计中，黎族双面绣的纹样经过重新解构与色彩优化，以简约的形式呈现在现代服装、配饰与艺术装置中。这种设计不仅契合着国际时尚市场对传统文化的审美需求，也通过创新的表达方式让双面绣得以被更多国家和地区的消费者认可。黎族双面绣的国际化表达也得益于数字化技术推动。设计师通过3D建模、数字化刺绣图案设计等技术，将传统纹样与现代科技相结合，增强了双面绣在国际时尚领域中的应用广度。例如，通过数字化设计工具，黎族双面绣的鸟纹和几何纹得以在丝绸、针织面料等多种材质上呈现，使其能够适应不同文化背景下的消费者需求。此外，双面绣在品牌跨文化传播中的应用也日益显著。一些国际品牌通过联名设计，将双面绣纹样融入全球限量版商品中，增强了产品的文化价值和市场吸引力。这种方式不仅促进了双面绣的国际传播，还为传统工艺赋予了新的商业价值。在国际化的设计语境中，黎族双面绣已经从地方性的传统文化符号，发展为具有国际化影响力的艺术表现形式，成为跨文化设计中的独特元素，充分展现了中国传统工艺在国际时尚中的文化自信与设计潜力。

三、黎族双面绣在服饰设计中的创新运用

（一）双面绣纹样的设计运用

1.重复式构成法

重复式构成法是将提取出的黎族双面绣基本纹样作为循环单元，通过重复排列的方式创造视觉上的连贯性、整体美感。这种方法不仅能突出双面绣纹样的装饰性与文化意蕴，也可增强其在现代服饰设计中的适配性。例如，以润方言区双面绣中提取的人形纹样为基础，通过线稿提取并着色后形成基本纹样单元，以完全单一重复的方式构成整体图案。这种设计形式能突出图案的和谐统一性，但显得过于单调。为此，可以在重复排列过程中加入一些变化，如上下交错排列或旋转基本纹样方向，以此来增加画面的层次感与灵动性。以人形纹为例，通过改变排列顺序与方向，形成丰富的图案效果，使设计更具吸引力。在服饰设计中，设计师可将黎族几大

方言服饰上的色彩进行提取凝练，随后将具有象征意义的"大力神"纹样装饰在服饰视觉中心的位置，加上双面绣的刺绣元素，使服饰更加厚重耐看，从而带来更为直观的视觉感受，如图5-10所示，从民族服饰博物馆中馆藏的筒裙进行色彩提炼，运用创新化的服装款式结构，再加上"大力神"纹样的添加，使服饰既具现代性而又不失黎族气韵。

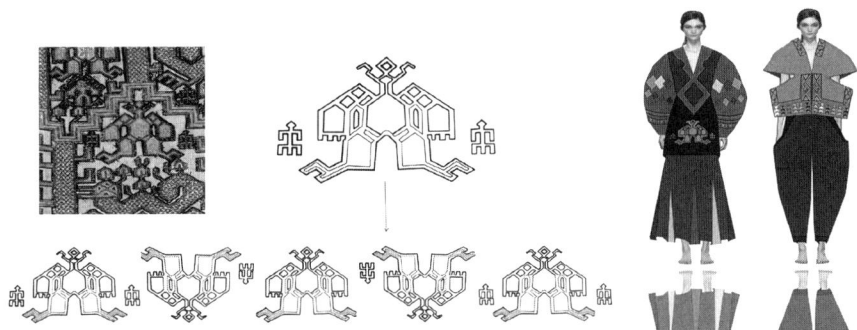

图5-10 "大力神"纹样在民族服饰创新中的应用——作品《"黎"世绝俗》
（来源：民族服饰博物馆微信公众号）

在其他服饰设计中，如将双面绣应用于手袋设计时，正反两面分别使用不同的材质搭配以突出工艺特点。设计方案可以在手袋正面采用水钻链网面料与人形纹双面绣相结合，展现其精致华美的装饰效果（图5-11）；在反面则使用黑色软皮面料搭配双面绣，以呈现简洁大气的对比风格。这种设计不仅能突出双面绣的精致工艺，还通过现代材质的结合体现时代感与个性化特征。双面绣作为高端手工技艺，造价较高，适合与镶钻等高端工艺相结合，从而提升设计的奢华定位。通过这种方法，黎族双面绣的传统美学得以在现代服饰设计中焕发新生，从而赋予产品广泛的市场竞争力与文化传播价值。

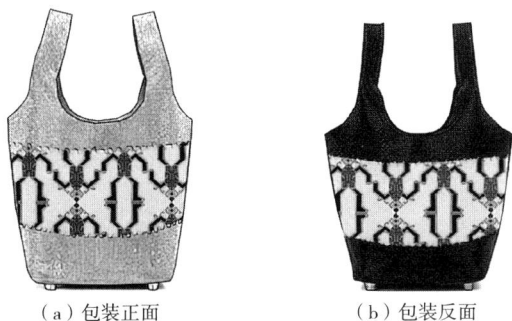

（a）包装正面　　　　　　　　（b）包装反面

图5-11 重复式构成法在包袋上的设计运用（来源：张为、陈彬）

2.局部变形构成法

局部变形构成法是通过对黎族双面绣传统纹样的部分形态进行调整与变形，使其更适配现代服饰设计需求的设计方法。这种构成方式既保留着双面绣传统图案的核心特征，又通过灵活变形赋予其现代化的视觉表达。例如，在润方言区双面绣中的爬行龙图案中，可以保持龙头、龙尾的原始设计不变，对龙身部分进行拉伸和延长，使其更符合现代服饰的线性装饰需求。调整设计不仅可保持双面绣的文化内涵，还可增强其在服饰设计中应用的实用性与表现力。在实际设计中，变形后的双面绣图案能更好地与服饰的结构与材质结合。例如，以局部变形后的爬行龙图案为基础，让服饰纹样变得更加纤长流畅，适合作为现代靴子或其他线性服饰上的装饰点缀。这种设计形式能突出纹样的细腻与流动感，也可与服饰的现代风格紧密结合。以设计靴子为例，局部变形后的爬行龙纹样可被排列在靴筒的两侧，形成视觉上的平衡与延展效果。爬行龙传统形态在经过局部变形后，既能满足服饰的时尚要求，又可通过细节上的变形强化产品的独特性与文化表达。局部变形构成法不仅是对黎族双面绣传统图案的现代化改造，也是将民族文化符号嫁接到当代设计语境中的手段。这种方法既能延续双面绣的历史价值，也能拓展其在现代服饰设计中的应用范围，从而增强其在当代时尚市场中的文化竞争力。

（二）双面绣色彩的设计运用

1.趣味化设计运用

趣味化设计运用是双面绣色彩创新的关键表现形式，通过色彩搭配的活泼化、多样化、趣味化，赋予传统工艺更强的视觉吸引力与现代时尚感。这种设计方法打破了传统色彩的单一与局限，充分利用色彩的对比与组合，创造出丰富的趣味性表达。在黎族双面绣中，传统刺绣多以红、黄、绿、黑为主色，色彩运用具有鲜明的民族特征。在趣味化设计中，通过对传统配色的重新调整，如增加对比鲜明的色块，加入渐变效果或中性色调，使刺绣在保持传统色彩基础上更具活力与现代感。设计师可以将趣味化色彩应用到年轻化的服饰中，如运动服、包袋等，赋予产品一种俏皮而又不失艺术性的视觉效果。以黎族双面绣的几何纹样为例，通过将原本较为单一的色块组合调整为多层次的渐变色或饱和度不同的叠加色，从而突出纹样的立体感与装饰性。趣味化设计还可以通过对刺绣本身的色彩功能进行延展来实现。例如，将刺绣的颜色设计与服饰整体色调进行呼应或形成鲜明对比，既能突出双面绣的装饰效果，又能增强整体服饰的视觉冲击力。同时，可加入动态的设计理念，例如，可利用反光线、荧光线等现代材料，使刺绣在光线下呈现不同的色彩变化，从而为传统工艺注入新的趣味与科技元素。趣味化设计运用不仅可提升双面绣色彩的表现力，还扩展了双面绣在现代服饰设计中的应用场景，从而满足年轻一代消费者对个性化和多样化的审美需求。通过这种方式，黎族双面绣的文化魅力得以广泛地传播，可为传统工艺的现代化转型开辟新路径。

2. 风格化设计运用

风格化设计运用是双面绣色彩在现代服饰设计中的创新方向，通过对特定风格的提炼演绎，使传统黎族双面绣更贴合当代时尚需求，从而保持其独特的文化内涵。风格化设计强调色彩的系统性，通过对黎族双面绣传统色彩体系的抽象提取与延展应用，从而塑造具有鲜明个性与独特审美的设计风格。例如，黎族双面绣中常见的红、黄、绿、黑主色调，具有强烈的视觉冲击力与文化象征意义。在风格化设计中，可以根据服饰主题对色彩进行重组、调配，如将高饱和度的颜色调整为柔和的莫兰迪色系，以适应高端成衣或礼服的优雅需求；或通过增加金属色、珍珠白等现代时尚色彩，打造出多元化的风格效果。在设计应用中，风格化设计可通过与现代服饰风格的结合展现创新性。例如，在极简主义风格中，双面绣的色彩选择偏向于单色或低饱和度配色，纹样细节精致而不繁杂，强调整体的干净利落；在复古风格中，双面绣保留传统浓烈的色彩对比，通过叠加和丰富的色块搭配强化装饰感与民族特性。风格化设计还可以根据目标市场与消费群体的不同，调整双面绣的色彩运用策略。对年轻市场，设计师可以采用撞色或渐变等更具活力与趣味性的色彩组合；对高端市场，倾向于运用经典色调搭配柔和过渡，凸显高雅与品质感。风格化设计的灵活性不仅可丰富双面绣的表现形式，也为其在现代服饰中的应用提供了广阔的发展空间，使黎族双面绣能在不同风格的服饰设计中都能焕发出独特的文化魅力与现代气息。通过风格化设计，双面绣不仅可突破传统技艺的局限，还彰显着在国际化时尚语境中的独特价值。

第六章
染色工艺在现代服饰设计中的应用

第一节

染色技艺的概念和特点

一、扎染艺术的起源

扎染艺术的起源可以追溯至秦汉时期，有史书记载"秦汉始有之"，古老的染缬技艺已有数千年的历史，在漫长的发展过程中，逐渐成为中华民族文化的重要组成部分。扎染以独特的手工扎结方式与天然染色效果，展现着古代劳动人民的智慧与艺术创造力。扎染工艺的核心特点在于染色过程中通过扎结、缝缀、捆绑等手法，使布料产生阻隔效果，以此形成各种天然的纹样与色彩过渡。正是这种独特的染色痕迹与天然色晕的艺术美感，使得扎染在视觉上呈现出随意而自然的和谐美，成为传统染缬艺术中的瑰宝。扎染作为一种手工艺，最大的艺术魅力在于每一件作品都具有独特性，这种不可复制的自然之美，与现代机械化生产的统一性形成鲜明对比，使其在历经千年的传承中依然保持着旺盛的生命力。古代扎染不仅被用于服饰的装饰，还应用于日常生活用品的点缀、美化，成为百姓生活中关键的艺术表达形式。扎染工艺在不同地域和民族中展现出丰富的文化多样性，如云南的靛蓝扎染、贵州的苗族蜡扎、海南的黎族缬染等，每种技艺都传递着不同的文化符号与审美价值。扎染的天然质朴和高度艺术性，使其不仅深深扎根于中国传统文化之中，也逐渐在国际舞台上崭露头角。染色效果与现代设计理念相契合，为当代时尚注入了新灵感与活力。作为中华文化的重要代表，扎染艺术不仅是一种工艺形式，也是一种文化符号，体现着中华民族对于自然美学与艺术创造的不懈追求。通过现代化设计与技术的不断融合，扎染将继续以独特的艺术价值与文化内涵，闪耀在国际时尚舞台上，为弘扬中华传统文化做出新贡献。

二、扎染艺术的特点

扎染艺术具有鲜明的艺术特点，这些特点集中体现在自然性、独特性、文化传承性。首先，扎染以自然晕染的色彩效果而闻名。由于染色过程中依靠扎结、捆绑、缝缀等方式阻隔染料的渗透，形成了自然过渡的色晕与纹样，非人为控制的随机美感，赋予了扎染艺术朴素而天然的视觉效果。无论是花型、几何图案，还是抽象自然纹理，扎染都能呈现出自由洒脱的美学特征，契合着中华传统文化中追求天人合一的艺术精神。这种自然美感与现代设计追求的个性化趋势高度契合，使扎染在时尚与艺术领域始终保持着独特的生命力。其次，扎染具有高度的独特性，每一件扎染作品都可以被视为独一无二的艺术品。在扎染工艺中，手工操作的随机性决定着每件作品的纹样、色彩都无法完全复制。这种不可重复性不仅可以增强扎染的艺术价值，也迎合着现代消费者对个性化设计的追求。在传统服饰中，扎染因其精美的纹样、灵动的色彩，而被应用于汉服、少数民族服饰、家居用品之中，为人们的生活增添了艺术韵味。在当代时尚中，扎染因个性化、独特性而成为设计师追求的创意源泉。最后，扎染艺术承载着深厚的文化传承价值。扎染中的纹样设计蕴含着特定的文化意义，如象征吉祥的花卉、反映宗教信仰的符号、表现自然崇拜的图案。这些纹样既反映着扎染工艺所处的地域文化特色，也记录着不同历史阶段人们的生活方式与审美观念。扎染艺术正通过现代设计与工艺改良，重新焕发活力，在保护与传承传统文化的同时，为现代服饰设计注入新的灵感与可能性。

三、染色工艺的分类

染色工艺根据方法、用途、效果可分为三大主要类别：直接染色工艺、媒染染色工艺、防染染色工艺。第一，直接染色工艺是最基础的染色方式，也是历史最悠久的工艺。直接染色无须额外的化学媒介，将织物直接浸入天然或合成染料中，利用染料分子的亲水性或亲油性与纤维结合即可形成染色效果。直接染色多用于棉、丝、麻等天然纤维，因其工艺简单、适用范围广泛而被广泛采用。扎染、绗染等传统工艺的基础过程就采用直接染色的原理，结合扎结或阻隔工艺，形成了独特的图案与晕染效果。第二，媒染染色工艺是利用媒染剂增强染料与纤维结合力的染色方式。媒染剂可以通过与染料形成稳定的化学复合物，使染色效果更加鲜艳持久、不易褪色。在黎族染色工艺中，媒染剂常采用植物灰、矿物质等天然材料，通过媒染工艺提升颜色的稳定性与表现力。例如，黎族绗染技艺中使用火灰、螺壳灰作为媒染剂，可以使蓝靛草染色更深、更均匀，这种工艺不仅体现了传统智慧，也体现着生态可持续的理念。第三，防染染色工艺是通过阻隔染料渗透的方式形成图案的染色工艺。在防染工艺中，织物的部分区域被阻隔染料浸透，以保留原始底色或形成色差效果。工艺在扎染、蜡染、绞染等传统工艺中应用。例如，扎染通过捆扎织物形成阻隔区域，蜡染通过在织物表面涂抹热蜡来达到类似效果。防染染色工艺因其独特的纹样效果和高艺术价值，成为现代服饰设计中不可或缺的创新手段。通过不同染色工艺的结合与创新，传统染色技艺在现代服饰设计中焕发出新生命力，为当代时尚注入了多样化与个性化的文化元素，也为传统工艺的传承与发展提供了新可能性。

第二节

扎染艺术在现代服饰设计中的应用表现

一、抽象纹样的表现

扎染艺术在现代服饰设计中通过抽象纹样的表现，展现出独特的艺术价值与文化底蕴。抽象纹样设计以扎染工艺中自然晕染的纹理和色彩为基础，将传统工艺中不可控的染色特性与现代设计需求相结合，形成富有随机美感与个性化特征的图案。这种抽象纹样在视觉上以流动的色彩过渡、不规则的几何形态、偶然生成的自然纹理为主要表现形式，突破了传统设计中对具体形象的依赖，契合当代服饰设计对自由表达和创意多样化的追求。例如，在高定时装中，扎染的抽象纹样常可用于宽大廓型的连衣裙或外套，通过大面积的染色处理，呈现出如水墨画般的视觉效果，从而增强服饰的艺术感与独特性。扎染的抽象纹样在色彩运用上具备极高的灵活性，既能通过单一色调的渐变表现柔和的层次感，也能通过多色叠加创造出强烈的对比效果。在运动服饰、休闲服饰中，这些抽象纹样常以鲜艳明快的色彩搭配呈现出富有活力的现代美感，既提升了服饰的视觉吸引力，也体现着扎染在色彩表达上的无限可能性。通过精细化的设计与技术调整，扎染传统抽象纹样被赋予新的时尚语言，更符合现代消费者对审美与实用性的双重需求。此外，扎染的抽象纹样因不规则的形态与色彩变化，还被应用于小型服饰配件设计中，如手袋、围巾、鞋履等。这些配件通过局部使用扎染工艺，既能展现传统手工艺的独特魅力，又避免了大面积运用可能造成的视觉繁杂，达到了实用性与艺术性的完美结合。扎染艺术中抽象纹样的表现不仅是对传统工艺的传承，更是对现代服饰设计多元化发展的有力推动，为时尚设计注入了不可替代的创意元素与文化价值。

二、具象纹样的表现

扎染艺术在现代服饰设计中通过具象纹样表现，实现传统工艺与现代审美的结合。具象纹样设计以扎染过程中自然生成的图案为基础，通过设计师对工艺的掌控，将其转化为具备特定形象的纹样，如花卉、动物、几何符号等。这种形式的扎染不仅保留着传统手工艺的自然流动感，还通过技术上的精准处理赋予了其更强的辨识度、文化内涵。例如，扎染工艺中的自然褶皱与晕染效果被用来表现花瓣的层次感，设计师通过手工捆绑、染料分层上色，呈现出栩栩如生的花卉纹样，为服饰增添了浪漫与柔美的气质。这种具象纹样不仅丰富了服饰的装饰效果，还通过自然的过渡与色彩层次体现了手工艺的高超技艺。在现代时尚中，具象纹样扎染常被应用于礼服设计与舞台服饰，作为图案的主体装饰，表现特定主题或文化符号。例如，黎族扎染中的植物纹样可以通过创新工艺在现代连衣裙或长衫上以全覆盖或局部点缀方式呈现，不仅延续着传统纹样的文化意涵，通过设计上的解构与重组，还展现出符合当代审美需求的独特表现力。在运动服饰中，具象纹样扎染逐渐成为流行趋势，设计师将自然形态如叶片、云朵等纹样转化为动态的视觉元素，与服饰功能性设计相结合，传递出活力与趣味性。此外，具象纹样扎染在服饰配件设计中的表现也十分突出，如围巾、披肩、手袋等，这些单品通过采用具体的扎染图案，强化了产品的艺术表现力与文化属性。设计师将具象纹样与现代工艺相结合，通过数码化图案设计或印染技术的辅助，使传统扎染中不可控的元素得到更好的控制与优化，以实现批量化生产。具象纹样的扎染表现使传统工艺焕发出新活力，不仅为现代服饰设计提供了丰富的灵感来源，也在传承与创新中展现了其独特的艺术价值与市场潜力。

三、单色扎染的表现

单色扎染的表现是扎染艺术在现代服饰设计中最具简约而不失丰富表达的形式，通过对单一颜色的精妙运用，将传统工艺的艺术感与现代服饰的时尚简约理念完美结合。单色扎染强调在色彩系统内通过不同的浓淡层次变化与自然过渡，营造出独特的纹样效果，使其呈现出极高的视觉张力与艺术感染力。扎染主要利用布料捆扎、折叠、缝合、夹制等工艺手法，结合染料渗透的深浅与晕染的随机性，以此形成富有层次感的纹理图案，如云纹、流水纹、晕圈状的自然图案。单色扎染在服饰中不仅能减少过于复杂的色彩干扰，凸显纹样的精致与独特，也展现出扎染工艺的细腻与手工魅力。在现代服饰设计中，单色扎染因简约的视觉特性与极强的适配能力，广泛应用于各种风格的服装中。以单色扎染为基础设计的日常服饰如T恤、卫衣、长裙等，通过自然的色彩晕染效果，既赋予了服装优雅且低调的艺术感，又能满足现代消费者对个性化和实用性的双重需求。例如，在夏季轻薄连衣裙中，单色扎染的晕染纹理可以通过布料的流动感体现出独特的清新与自然气息，在秋冬毛呢大衣或针织服饰中，深色系单色扎染则可以通过色彩深浅的对比传递出沉稳与高级的氛围。这种对单一色彩的深度挖掘，使扎染在保持传统工艺特质的同时，也赋予了其更为时尚的表现形式。单色扎染的艺术表现也为配饰设计带来了丰富的灵感，如围巾、手袋、帽饰等，通过单色扎染的纹样打造独特的点睛之笔，使配饰在整体服装搭配中既低调又不失亮点。单色扎染在高端时尚领域具有广泛的应用前景，高级定制服饰以单色扎染作为独特纹样元素，通过极简的色彩语言传递奢华与品位。在制作过程中，设计师通过精准控制染料浓度与布料的折叠方式，确保单色扎染纹样的均匀性与整体美感，使其兼具艺术性与商业价值。单色扎染的表现不仅是对传统扎染工艺的传承，也是其在现代服饰设计中焕发新生的关键创新路径。

四、彩色晕染的表现

彩色晕染表现是扎染艺术在现代服饰设计中展现多样化与活力的关键形式，通过多种颜色的相互渗透、叠加、自然扩散，营造出丰富的视觉层次与流动感。彩色晕染以鲜艳明快或柔和协调的色彩搭配，打破了传统扎染单一色调的局限，使服饰充满动感与艺术气息。这种表现形式主要利用扎染工艺中特殊的捆扎、折叠、夹染等技术手段，通过控制染料的浓度、色彩的交融顺序及染色时间的长短，实现色彩间的自然过渡与渐变效果。晕染过程中，色彩的叠加与渗透既展现了手工艺的随机性与独特性，又赋予了每一件扎染服饰独一无二的艺术魅力。在服饰设计中，彩色晕染以大胆的色彩组合与流动的图案效果，可应用于各类时尚单品。例如，在休闲服饰领域，彩色晕染可用于T恤、牛仔裤、连帽卫衣等，通过不规则的色块交融与渐变，赋予服饰自由、随性的街头时尚感；在度假风长裙或沙滩装中，彩色晕染可以柔和的色彩过渡与大面积的晕染纹样，体现出轻松、自然的热带风情；在高级定制领域，设计师通过精准控制染料渗透范围与色彩布局，将彩色晕染与高档面料结合，使服装在呈现奢华质感的同时，展现出浓郁的艺术氛围。彩色晕染表现不仅在服饰设计中独树一帜，也为配饰设计提供了广泛的应用空间。例如丝巾、手袋、帽饰等配件，通过彩色晕染的多彩纹样，成为整体服装搭配中的亮点。在材质的选择上，轻盈透气的面料，如真丝或雪纺，能更好地展现晕染色彩的层次感与流动感，增强视觉的立体效果。彩色晕染还以其强烈的手工艺特性与丰富的视觉表现，为设计师提供了无限的创作可能，使传统扎染工艺在现代服饰设计中焕发出新的生命力与时尚魅力。彩色晕染通过色彩语言的巧妙运用，不仅传递着扎染艺术的文化底蕴，也为现代时尚注入了更加多元与生动的表达方式。

第三节

染色技艺在现代服饰设计中的创新与发展

一、新材料与传统染色技艺的结合

（一）植物染料与环保材料的协作创新

植物染料作为天然且环保的染色方式，与现代服饰设计中的可持续发展理念高度契合，与环保材料的协作创新拓宽了传统染色技艺的应用领域。植物染料主要取材于自然界中的植物根茎、果实、叶片等，不含化学合成物质，不仅可减少对环境的污染，还能赋予织物独特的自然纹理与温润色彩。例如，黎族絣染技艺中使用的姜黄、蓝靛等植物染料，能够通过古老的提取工艺获得鲜明且持久的色彩效果。在与现代环保材料结合的过程中，设计师会采用再生棉、竹纤维等天然环保材质作为染色基底，与植物染料的天然渗透性相辅相成，使染色效果更具层次感与肌理质感。这种协作不仅丰富了植物染料的文化内涵，还通过现代工艺提升了服饰的市场适应性。植物染料与环保材料结合催生着新的设计风格，凸显了自然色调与可持续发展理念的视觉表达。这种方式既可促进传统染色技艺在环保时尚领域的创新发展，也可为民族文化的现代化表达提供新途径，展现生态设计与传统工艺相结合的独特魅力。

（二）染色技艺与再生纤维的跨界应用

再生纤维的出现为传统染色技艺注入了全新的生命力，主要由废旧织物、塑料瓶等材料中提取而成的纤维，因其环保特性而成为现代服饰设计中的重要材料。黎族缬染以独特的几何纹样与深厚的文化内涵，与再生纤维的结合不仅延续传统工艺的文化价值，还能开创环保时尚的新方向。在应用设计中，设计师可利用缬染的几何纹样，将其转印至再生涤纶、再生尼龙等纤维制成的织物上，使服饰既具备轻便、耐用等现代功能，又能承载传统染色技艺的艺术之美。例如，通过缬染工艺创造的渐变纹样与再生纤维的优异性能相结合，可应用于运动服、旅行包等现代生活场景中。再生纤维色彩吸附性能也为缬染工艺的色彩表达提供了灵活性，设计师可以通过叠染与点染等技术，使再生纤维呈现丰富的视觉层次。这种跨界应用不仅可实现传统技艺的现代化转型，还能推动再生材料在时尚产业中的应用，展现民族文化与现代环保理念融合的无限可能。

（三）现代科技纤维与传统染色技艺的融合设计

现代科技纤维的优异性能为传统染色技艺提供了更多的创新空间，这些纤维如高科技聚酯纤维、石墨烯纤维等，以轻量化、抗菌性、温控性等特点重新定义了传统染色工艺的应用场景。传统黎族缬染技艺的色彩渐变效果在现代科技纤维的支持下得以精准呈现，例如通过激光切割技术实现图案细节的重构，利用现代科技纤维的高分子结构提升染料吸附性，使图案更加鲜明生动。石墨烯纤维动态温控特性为缬染纹样的表现带来了全新的可能性，如将热敏染料与缬染相结合，能在温差条件下实现色彩渐变，赋予服饰动态美感。这种结合不仅可提升传统染色技艺的科技属性，还拓展了其在高端服饰、智能穿戴等领域的应用范围。现代科技纤维的超强韧性与耐用性，使缬染技艺能承载更多复杂的纹样设计，推动传统技艺的创新发展与全球传播。传统工艺与现代科技的融合，为传统染色文化的延续与再造提供了坚实的基础，也为现代服饰设计注入了丰富的文化价值与科技含量。

二、数字化技术对染色工艺的赋能

（一）数字化图案设计与染色技术的精准融合

数字化图案设计为染色技术带来了精准与高效的创新路径。传统染色技艺以手工制作为主，蕴含着丰富的文化内涵和艺术价值，但局限于手工操作的精确度与生产效率，无法实现大规模生产。而数字化图案设计的运用，使传统染色工艺可以通过现代科技实现高度的精准表达。以黎族绗染为例，传统绗染以手工扎结、染色形成独特的几何纹样，现代数字化设计软件可以将纹样进行高精度扫描与数字化建模，通过计算机生成复杂的多层次几何图案，不仅能保留传统图案的文化精髓，还能在不同材质上灵活调整图案大小、颜色、排布方式。数字化设计还能通过预设算法模拟色彩的渗透与叠加效果，从而高效地指导染色工序，确保成品纹样的视觉呈现更加生动、统一。数字化技术在图案设计阶段与染色技术相结合，还支持个性化的定制生产。通过对消费者需求的精准分析，可以快速生成符合不同审美需求的纹样设计，从而赋予传统染色工艺更多的现代化表达形式，为传统工艺在当代服饰设计中开拓新市场空间。

（二）智能化设备对传统染色技艺的优化创新

智能化设备是推动传统染色技艺与现代设计融合的关键手段，为传统工艺效率与质量的提升提供了技术支持。传统染色工艺，如黎族绗染，依赖手工操作的复杂流程，对匠人的经验与技巧要求极高，耗时较长且易受环境因素影响。智能化设备通过对染色流程的标准化、自动化处理，实现了传统技艺的现代化再造。例如，通过高精度数控染色机，可以根据设计图案的需要，精准控制染料的渗透深度与扩散范围，避免了传统手工染色中因染料浓度、温度或时间掌控不当而产生的色彩误差。此外，智能喷染技术能模拟传统绞染工艺中的渐变色彩效果，实现复杂的色彩叠加与渐变，保证每批次染色产品具有高度一致性。这种技术革新不仅可以提高染色工艺的生产效率，还可以减少染料浪费与污染排放，为可持续时尚发展奠定了基础。智能化设备的运用还降低了传统工艺的学习难度，为新一代设计师参与传统工艺的创新提供了技术支持，使染色工艺能在现代服饰设计中展现更多可能性。

（三）数字传播对民族染色技艺的推广与再生

数字传播技术的发展为民族染色技艺的推广与再生带来了新机遇，使传统工艺能超越地域和文化的限制，融入国际时尚产业。民族染色技艺是承载着丰富历史文化价值的传统染色技艺，过去主要依靠口耳相传与手工传授方式进行传承。在数字传播技术的帮助下，这些技艺得以通过短视频、社交媒体、在线课程等多种形式向广泛的受众展示。设计师、匠人可以通过高质量的数字影像，呈现染色工艺的全过程，从棉线扎结到染料渗透，再到纹样的呈现，将其独特的工艺之美与文化内涵直观地传递给全球观众。数字传播还支持在线虚拟展览与沉浸式体验，通过增强现实、虚拟现实技术，观众能近距离观察染色工艺的每一个细节，甚至模拟操作体验，从而增强对传统技艺的认知与兴趣。基于大数据的市场分析，数字传播还能精准定位潜在消费者的需求，为传统工艺与现代设计的结合提供数据支持，推动民族染色技艺在当代服饰市场中的再生与发展。数字传播形式创新不仅促进了传统工艺的文化价值重构，也为其商业化推广提供了广阔的平台。

三、染色技艺的未来发展方向

（一）染色工艺在生态时尚中的可持续发展

随着全球时尚产业对环保与可持续发展的关注度日益提高，传统染色工艺在生态时尚中的可持续发展路径得到了重视。整个方向通过减少环境污染、优化材料使用、推广低碳工艺，展现出传统染色技艺在现代设计中的生态潜力。作为中国非物质文化遗产中的组成部分，黎族缬染以天然植物染料、手工技艺为核心，不仅对环境友好，还体现着对传统文化的尊重。相比现代化学染料带来的水资源浪费、污染，黎族缬染通过蓝靛草、姜黄等天然染料的提取和循环使用，可大幅度减少染色过程中有害物质的排放。黎族缬染采用纯手工操作，避免工业生产中高能耗与高排放问题，与当前生态时尚潮流的环保诉求高度契合。未来，传统染色工艺可通过与再生纤维、新型天然材料结合，从而减少资源浪费，提升染色产品的实用性。例如，将黎族缬染可应用再生棉、竹纤维、玉米纤维等环保材料中，从而实现环保服饰的高附加值。

（二）染色技艺在全球时尚语境中的文化价值重塑

在经济全球化背景下，染色技艺的文化价值正面临重新定义与表达的挑战与机遇。作为民族文化的关键载体，染色技艺不仅反映着特定地域的美学风格与生活方式，也承载了其背后的历史记忆与文化传承。黎族缬染以独特的几何纹样与自然色彩成为民族文化的象征，在全球时尚语境中的重塑不仅是对技艺本身的再造，也是对其文化价值的升华。通过与国际时尚品牌的合作，缬染技艺得以进入高端时尚领域，如将独特的蓝靛色调与几何构图与国际流行的极简主义设计风格相结合，形成兼具地域特色与国际审美的设计语言。数字化传播技术为缬染纹样的推广提供了更高效的平台，设计师可以通过数码印花技术将缬染纹样复制到多种现代纺织材料上，以实现传统技艺在全球市场的广泛应用。国际市场对文化多样性的尊重与需求为染色技艺注入了新生命力。通过举办文化交流活动、国际时装秀等，传统染色技艺独特美学在全球范围内得以被呈现、认可。未来，随着文化自信提升与全球时尚产业的多元化发展，染色技艺将在全球语境中获得更加深刻的文化意义与艺术价值，成为促进文化交流与创新的桥梁。

第四节

染色技艺在现代服饰设计中的应用案例——以黎族絣染为例

一、黎族织锦絣染技艺渊源

絣染是海南黎族织锦中极具代表性的传统染色织造工艺，历史渊源深远，技艺独特，体现着黎族文化的丰富内涵与艺术价值。絣染以扎经染色的技法而著称，最具代表性的是美孚地区的"扎经缬"，通过在棉质经线上先扎结后染色，再进行织造，形成轮廓模糊但装饰感极强的织物图案。早在三国时期，黎族的絣染纺织品即被称为"五色斑布"，并在历代典籍中多次被提及。絣染所使用的主要材料为棉花，黎族通过对天然植物染料的精心提取，使得织物呈现出天然柔和的色彩。元代文献中曾记载海南儋州和万宁地区黎族民众日常使用的"缬花黎布"，表明絣染技艺在当时具有重要地位。黎族絣染技艺的发展与汉族丝棉纺织技术的交流融合密不可分。海南黎族人民在得到汉族丝绸后，常将其拆解，抽取丝线与棉线混纺制成丝绵黎锦，形成独特的纺织品种类，极大地丰富了黎族纺织文化。黎族斑布还曾作为贡品，通过内陆航运销往北方，出口东南亚，成为当地珍贵的纺织品。絣染技艺与其他染色工艺不同，其强调先在纱线上扎花形成图案，再进行染色与织造，因此花纹朦胧且富有韵律感，这种技艺不仅在中国海南黎族中传承广泛，也在中亚、南亚、东南亚地区具有深厚的生产历史与多样化的命名方式。海南黎族的絣染工艺以先扎经后染线再织布的方式为主，染色基调多为蓝色，图案以几何纹样为主，呈现出朦胧而律动的视觉效果，体现着黎族独特的美学理念和文化记忆。

第六章 染色工艺在现代服饰设计中的应用

二、黎族絣染独特的技艺

（一）纺

在"纺"环节中，黎族絣染展现出精湛的传统工艺，以及对材料的极致追求。海南岛是我国最早种植和传入棉花的地区，絣染所使用的棉花是优质的海岛棉，这种棉纤维具有纤长、强度高的特性，织成的面料厚实古朴，兼具透气性与吸汗功能。棉花采摘后，首先在脱棉籽机中完成棉籽与棉花的分离工作。分离后的棉花经过脚踏纺线机纺成棉线，并将棉线理顺再缠绕到"工"字形线架上制成线卷。纺成的线需要进行上浆处理以增加强度，整个过程体现了黎族工匠对纺织材料耐用性与抗虫蛀性能的重视。上浆的主要原材料是当地被称为"鸭脚"的粟米，将棉线与鸭脚粟一同放入水中煮沸，大约经过 3 小时，粟米煮至软烂后取出线团进行晾晒。经过鸭脚粟浆液处理的棉线，不仅强度大幅提升，还具有防虫蛀性能，可确保后续织染过程的顺利进行。这种粗犷且实用的粟米在海南的纺织文化中具有重要的作用，为黎族絣染工艺的精湛效果奠定了基础。

（二）染

在黎锦制作中，染色环节是絣染技艺的核心步骤，工艺流程主要包括上经、扎经、染色三个部分。首先是制作经线，这一步也被称为上经。经过上浆处理的棉线按固定的绕线顺序缠绕在"干"字形线架上（图6-1），每四圈为一组。完成一组后，将长线圈取下，安置到经线架上，从而形成上下两层的经线排列，每组线圈分解为八根经线，这为后续织锦过程奠定了基础。经线的整齐排列直接关系到织造质量，工匠们须具备极高的耐心与技术熟练度。其次是扎经环节，该工序直接决定着最终图案的呈现。扎经是利用玉米皮或黑色棉线，按照事先构思好的图案，对经线进行分段缠绕与扎结。该工序的主要目的是防止染色时扎结部分染上颜色，扎结须紧密牢固，确保染色过程中不脱落。扎经以抽象几何纹饰为主，符合黎锦经纬交织的编织规律。由于黎族缺乏文字与书面图案记录，扎经图案设计完全依靠工匠的记忆和经验，体现出高度即兴的创造力与智慧。扎经完成后，进入染色阶段。扎好的经线需先浸湿再放入染缸中，绬染以蓝染为主，通过多次反复的浸染，逐步达到接近黑色的深蓝色。染色完成后，将经线清洗去除浮色，同时解开扎结，未被染色的部分呈现出自然的本色，从而形成反白效果，隐隐约约地显现出独特的花纹与图案（图6-2）。最后，为了增强经线的硬挺度并便于织布，再将染好的经线与鸭脚粟共同煮沸上浆。这一步骤使棉线更加坚韧，进一步提高了织造过程中经线的耐用性与顺滑度。整个染色过程的精密与复杂，展现了黎族绬染技艺的高度工艺化与艺术性。

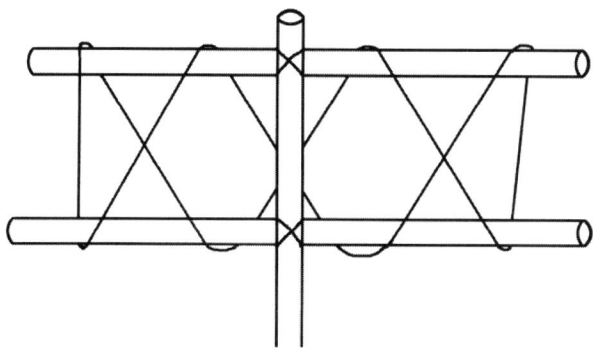

图6-1 "干"字形线架

图6-2 黎族绬染效果

（三）织

经线上浆完成后，便可使用踞织机进行织布。踞织机，也称腰机（图6-3），是现代织机的起源，最早可追溯至新石器时代，是一种结构相对简单但功能齐备的传统织布工具。踞织机的使用方式独具特色，织布者需席地而坐，将织机一端的卷布轴系在腰间，通过人体腰部的拉力与双脚踞住踞织机另一端以拉紧经线，以实现织物的稳固支撑。织布时，双手与双脚需要高度协调，通过提综杆、导纱棒、分经辊等工具的交替配合，完成经纬纱线的纵横交织。

图6-3 黎族踞织机结构和工具

缠绕纬线的梭子在经线之间穿插，每一次穿插后都需用打纬刀将纬线压紧，确保布料组织紧密且均匀。操作踞织机不仅需要娴熟的技艺，还需要较高的体力与耐心。为实现多样化的花纹表现，织布过程中还需借助提花刀、提花综杆等辅助工具，手工提拉经线形成特定的花纹图案。在绗染工艺中，扎染后的经线在织布过程中逐步显现出朦胧又生动的纹样效果，这是织造环节与染色技艺的完美结合。除海南黎族外，彝族、独龙族、傈僳族、怒族、佤族等少数民族也保留着使用踞织机织锦的传统。这些民族共同承载并传承了中国古老的织布工艺，使其在现代社会中仍然焕发出强烈的生命力，展现出手工艺与文化传承的高度融合。

（四）绣

刺绣是黎锦制作工艺的最后一道工序，通过手工刺绣将传统图案与文化内涵融入织锦作品中，使黎锦更具文化价值。黎族绣工以精湛的技艺与丰富的想象力，在织锦基础上进行装饰性和功能性的细化加工。刺绣过程中常使用红、黄、绿、黑、白等自然染料色线，通过灵巧的针法与层次分明的绣线运用，将几何纹样、人形纹、龙凤纹等经典图案以生动、立体的方式呈现出来。刺绣工匠会根据织锦的用途，在特定区域上进行精心装饰。例如，在服饰的袖口、裙摆、饰品上绣象征吉祥、团圆的龙凤图案，或表现劳动场景的人形纹样。整个刺绣过程需经过构思、配色、针法选择等多个步骤，每一步都展现着黎族工匠对细节的高度敏感与对美学的深刻理解。绣线的精巧排列不仅能提升绗染织锦的视觉层次感，还使其具备独特的触觉质感。海南黎族的刺绣技艺充分展现了手工艺术与文化传承的结合，是绗染工艺的重要补充和延续。

三、黎族绗染在现代服饰设计中的创新应用

（一）基于传统黎族绗染服装结构创新设计

基于传统黎族绗染服装结构的创新设计，是将黎族绗染传统技艺与现

代服饰设计相结合的探索，以传承黎族文化特色为基础，赋予其现代时尚元素与功能性表现。在黎族传统绗染服装中，服装结构以贯首衣、筒裙等为主，这些服饰设计形式以简洁、贴合人体为特点，凸显自然之美与功能性实用。在现代服饰设计中，设计师通过对贯首衣等传统结构的创新解构，增加服饰的多层次感、动态美。例如，贯首衣的直筒式轮廓被重构为流线型的外套结构，通过拼接、剪裁技术加入立体廓型设计，使传统服装在保留简约美学的同时，也能符合当代审美需求。此外，筒裙的窄口高腰设计经过比例调整，融入流行的中长款设计，以契合现代女性的穿着场景。为突出传统绗染工艺的图案特色，设计师可将绗染技术生成的朦胧几何纹样与现代服饰的廓型相结合，将其应用于局部拼接或整体面料设计中，使服饰既具有民族特色，又能彰显现代简约的设计风格。例如，岛民（INSULAiRE）品牌时装美孚黎锦夹克作品中（图6-4），采用了海南岛黎族美孚方言的传统织物，美孚方言区的绗染工艺制作的黎锦是具有代表性的黎族织物之一，和新疆地区的艾德莱斯绸的制作都属于扎经染色工艺。相对于普通的扎染，扎经染更加精细复杂，从纺捻纱线到扎经绗染再到腰机手工织布，需要耗费大量时间，产量稀少。

图6-4　美孚黎锦夹克（来源：消博会时装周×INSULAiRE）

在现代服装设计中，可将传统绗染工艺应用于可拆卸式设计中，例如通过纽扣或拉链，将不同纹样的布片拼接到服饰上，使穿着者能自由调整服装外观，从而增强服饰的实用性与个性化体验。通过对传统服装结构的创新设计，黎族绗染在现代服饰中焕发了新生命力，不仅传递着丰富的文化价值，也展现出传统技艺在当代设计中的无限可能。

（二）基于传统黎族缬染服饰色彩创新设计

基于传统黎族缬染服饰色彩的创新设计，融合了黎族独特的天然色彩美学与现代时尚设计理念。在传统黎族缬染中，色彩以靛蓝、棕色、黑色等自然色调为主，来源于植物染料，如蓝靛草、乌墨木、苏木等。这些色彩不仅体现着黎族人与自然和谐共生的文化内涵，还具有强烈的地域特征。在现代服饰设计中，传统色彩通过创新手法被重新诠释，为时尚服饰赋予了独特的文化符号与艺术价值。例如，设计师在春夏主题的现代服饰中，以靛蓝为核心色，搭配柔和的渐变过渡效果，结合浅绿色、奶白色，可以形成更为清新的色彩组合。这种设计既保留了传统缬染色彩的深邃感，又通过现代色彩搭配，使其更适合日常穿搭和年轻消费者的审美需求。在高级定制服饰设计中，传统黎族缬染色彩通过与金属质感的材质结合被赋予了现代奢华气息。设计师在晚礼服设计中，可采用靛蓝和金属银的拼接设计，通过不同面料的光泽对比，突出黎族缬染色彩的层次感与质感，也可运用黎族传统纹样的色块分割，将色彩与结构设计相融合，从而打造出既优雅又具有民族韵味的高端服饰。在运动休闲服饰的设计中，传统缬染色彩与新型功能性面料的结合也成了重要创新方向。例如，设计师可将传统的蓝、棕色调与防水、防风的功能性织物结合，通过现代热转印技术将缬染纹样直接印染在面料上，不仅能保留传统色彩的韵味，还可以提升现代服饰的实用性和科技感。此外，设计师还能通过环保理念对传统缬染色彩进行拓展，将现代植物染料与可再生纤维相结合，开发环保时尚系列服饰。这些服饰以黎族缬染经典蓝色为主色调，结合中性色和低饱和度的灰色系，可打造出简约且富有质感的产品，吸引追求可持续时尚的消费者。这种基于传统色彩的创新设计，不仅推动着黎族缬染技艺在现代服饰中的传承与发展，还通过与时尚潮流的深度融合，让黎族文化展现出全新的国际化魅力。

（三）基于传统黎族缬染纹样创新设计

基于传统黎族缬染纹样的创新设计，通过对经典纹样的提取、重组、再造，使其在现代服饰设计中焕发出新的艺术魅力。传统黎族缬染纹样以几何纹、抽象图形、象征性符号为主，蕴含着丰富的文化意蕴和民族精神，如"人形纹"象征着繁衍生息的愿景，"龙纹"表达对自然力量的崇拜，几何纹以抽象的形式美感展现着黎族人民对于平衡与和谐的追求。在现代服饰设计中，设计师将这些经典纹样与当代设计语言结合，可拓展其在视觉表达和实用性上的可能性。例如，在现代都市风格系列服饰设计中，设计师可将传统黎族人形纹与几何纹相结合，通过数字化设计技术，将纹样进行对称重组与渐变排列，从而形成动态的视觉效果。这种重组后的纹样通过激光切割工艺呈现在轻质面料上，不仅保留了黎锦纹样的文化符号，还增强了服饰的时尚感与科技感。在高级定制礼服设计中，设计师以黎族龙纹为灵感，将传统的爬行龙纹样简化为线性装饰，通过刺绣与珠片点缀的方式，赋予龙纹更为高贵的质感。通过丝绸与金属质感的混搭，使龙纹既具备民族特色，又符合现代高端时尚的审美需求。此外，纹样创新设计也体现在跨界表达与多功能应用上。例如，在运动服饰、户外装备设计中，传统黎族几何纹样通过3D打印技术直接应用于功能性面料表面，创造出具有防滑与抗磨损效果的纹样图案，使服饰更具科技感与动感。为扩大黎族绗染纹样的适用性，设计师还可尝试通过渐变着色与局部变形构成法，为传统纹样注入丰富的视觉层次与动感美。例如，在休闲外套设计中，传统几何纹样通过热转印技术被重新演绎成具有涂鸦效果的装饰图案，从而展现出民族文化与街头时尚的完美结合。这种基于黎族绗染纹样的创新设计，不仅实现了传统与现代的深度对话，通过创意性的表达方式，更是让黎族文化元素成功走向了更广阔的国际市场与消费领域。

（四）基于传统黎族绗染肌理创新设计

基于传统黎族绗染肌理的创新设计，通过对黎族绗染布料特有的织造肌理进行深入分析与现代化表达，赋予服饰设计层次感。传统黎族绗染肌理以朦胧、柔和的纹理特征而著称，源于绗染工艺中扎经、染色、经纬交织的独特方式，这种肌理不仅是视觉元素，也是一种触觉体验，体现着黎族织锦工艺的独特性。在现代设计中，设计师通过对黎族绗染肌理的提取与再现，将传统工艺巧妙地融入服饰的创新表达中。例如，通过3D数码织造技术，对传统黎族绗染的肌理特征进行高精度扫描与数字化建模，可形成具有绗染效果的织物纹理图案。这些图案通过数字织造设备直接应用于现代纺织面料，可实现肌理的高度还原，通过现代科技手段增强肌理的立体感和触觉体验。在设计实践中，设计师采用了叠层织物技术，将传统黎族绗染的轻透感与现代材料相结合，通过叠加多层不同密度的透明或半透明织物，使服饰表面呈现出类似黎族绗染染布的肌理渐变效果，同时结合热压成型技术，使织物肌理更加鲜明且富有弹性。为突出黎族绗染肌理的自然感，设计师可尝试使用天然材料进行再创造，如选用有机棉、亚麻等植物纤维面料，以手工压印的方式模拟传统绗染肌理，以增加服饰的环保特质与独特质感。这种方法不仅保持着传统肌理的原始韵味，还通过材质的环保特性契合了可持续时尚的设计理念。在高端时尚领域，设计师可将传统黎族绗染肌理与刺绣、镂空工艺相结合，通过刺绣针法模拟绗染肌理纹路的微妙变化，或通过镂空设计突出绗染肌理的渐变效果，为服饰增添精致感和艺术气息。在功能性服饰设计中，设计师可利用现代智能织物技术，使黎族绗染肌理具有可调节透气性或光泽感，从而扩展传统肌理在现代服饰中的适用场景。

第七章

雕刻工艺在现代服饰
设计中的应用

第一节

雕刻工艺概述

一、雕刻工艺起源与发展

作为以雕刻手法塑造与表现艺术形态的工艺，雕刻工艺不仅体现着人类对自然界的观察与审美，还承载了深厚的文化内涵和社会意义。雕刻艺术的历史源远流长，可以追溯至人类的远古时期。当时的人们通过在洞穴、石壁和陶器上以简单的线条和几何图形进行刻画，记录生活、表达信仰与敬畏。原始雕刻作品虽然造型质朴、线条粗犷，但充满着对自然的崇敬之情。随着社会的不断发展，雕刻艺术逐步脱离其实用功能，演变为独立的艺术形式。在古埃及，雕刻被广泛用于装饰陵墓、神庙和雕像，彰显王权与神力的结合；在古希腊，雕刻艺术更加注重人体比例的完美与和谐，追求形式美与精神自由的结合。在中国古代，雕刻艺术始于新石器时代，其初期以石器、陶器和骨器上的简单线条刻画为主，主要用于图腾崇拜、宗教仪式和装饰。青铜时代，雕刻技艺逐步精细，青铜器上的浮雕纹饰展现出当时人类对雕刻技法与装饰艺术的高度掌握。雕刻风格随朝代而变化：秦汉时期的雕刻简朴严肃，成为时代文化精神的象征；魏晋南北朝时期的雕刻艺术分为南方阴柔之美与北方阳刚之美，并在佛教雕刻中体现为"秀骨清相"和"大丈夫之相"的独特风格。汉代至隋唐时期，雕刻艺术进入鼎盛阶段，石雕、木雕、玉雕、砖雕等技法不断丰富，用于建筑、佛像、器皿装饰等多个领域，形成了富有民族特色的艺术风格。宋元明清时期，雕刻工艺进一步发展，技法更加精湛，应用领域也不断扩展，从传统建筑装饰到日常生活器具的装饰，都能见到雕刻艺术的影子。在全球范围内，雕刻工艺随着文化交流和技术进步不断演化，传统雕刻逐步与现代材料和数字技术相结合，展现出全新的表现形式与功能特性，成为连接传统与当代设计的桥梁。雕刻工艺演变不仅反映着社会、文化与技术的进步，也为现代设计提供了丰富的美学资源与创意灵感。

二、雕刻工艺的基本类型与技术

（一）雕刻工艺基本类型

雕刻工艺的类型多样，主要根据雕刻材质、表现形式、用途进行分类，涵盖木雕、石雕、椰雕、纸雕、金属雕、玉雕、骨雕等，体现着雕刻艺术在不同文化与材料上的深厚积淀。木雕是雕刻工艺中历史最悠久的类型之一，主要利用木材的柔韧性、纹理特性，通过凿刻、雕刮等手法，创作出细腻的装饰品和实用物件，广泛应用于宗教雕像、家具装饰、建筑装饰等领域。石雕以石材为媒介，通常用于大体量的雕刻艺术，如建筑构件、陵墓雕塑等，石雕的硬度要求技师掌握精准的打磨和切割技术，能够表现深厚、庄重的美感。海南椰雕以椰壳为主要材料，结合镂空、浮雕等传统技法，呈现出独特的地域文化与热带风情，常用于装饰性器物与文创产品。纸雕是以纸为媒介，通过剪刻、叠层、镂空等技艺，形成精美的立体或平面图案，可应用于包装设计、艺术装饰、服饰纹样等创作中。

金属雕通过熔铸、锻造或直接雕刻的方式，将金属材料如铜、铁、银等制成装饰物或艺术品，特点是高耐久性与金属的光泽质感，常见于首饰、宗教器物、纪念碑的制作。玉雕以玉石为材料，是中国传统雕刻工艺中的瑰宝，以精湛的雕刻技艺与深远的文化内涵而广受喜爱，玉雕作品会结合纹饰、吉祥寓意，体现工艺的精细与材料的稀有价值。骨雕以动物骨骼、牙齿、角为材料，通过雕刻创作成艺术品，其工艺独具自然气息，可应用于少数民族的传统装饰物中。多样的雕刻类型不仅反映着工艺与材料的多元化结合，也为艺术创作提供了广阔的实践空间。

（二）雕刻工艺的技法分析

雕刻工艺的技法涵盖不同的操作方法与表现形式，每种技法都蕴含着独特的工艺特征与艺术价值。圆雕是完全立体的雕刻技法，创作者需从多角度考虑雕塑的比例、结构与动态，适于人物雕塑、动物造型等复杂三维形象的表现。浮雕介于平面与立体之间，通过在平面材料上雕刻凸起图案来创造空间感，主要分为浅浮雕、高浮雕两种形式：浅浮雕强调简洁的线条和细节表现，高浮雕则更注重立体感的呈现，可应用于建筑装饰和壁画艺术。透雕，又称镂空雕，是利用镂空技法创造出通透效果的雕刻形式，关键是线条的流畅性和结构的稳定性，常用于屏风、灯具、首饰等作品，具有强烈的装饰效果。阴刻与阳刻是两种对立的雕刻方法，阴刻是在材料表面内凹刻出图案或文字，适合表现深邃和含蓄的艺术风格；阳刻则通过图案外凸于材料表面，突出主题与层次感，适合强烈的视觉表达。结合现代技术发展的数字雕刻技法，以数控设备、激光技术为核心，能精准地完成传统雕刻工艺难以实现的复杂设计，适用于批量化、精密化的生产。不同雕刻技法之间组合使用可以丰富作品的艺术表现力，如在木雕作品中同时使用浮雕与镂空技法，不仅可增添层次感，还能增强艺术感染力。技法的选择与运用决定着作品的艺术风格和实用价值，也体现着雕刻工艺中创作者的匠心与技巧水平。

第二节

现代服饰设计的演变与趋势

一、现代服饰设计的历史背景

现代服饰设计的历史背景是融合社会变迁、技术革新、文化交融的复杂过程，发展脉络贯穿着工业革命以来的经济、技术、文化演变。19世纪的工业革命开启了服饰设计的现代化进程，纺织机械和染色技术的突破使大规模生产成为可能，从而奠定了服饰产业化发展的基础。服饰设计从传统手工制作转向机械化、标准化，不仅提高了生产效率，还扩大了设计的表现空间，使更多阶层能接触到多样化的饰品。同时，服饰的功能性与装饰性开始显著分化，呈现出实用与美学并存的特征。进入20世纪，现代主义设计理念的兴起推动着服饰设计向简洁化与功能化发展，强调线条流畅性、材质创新性、装饰的现代感。在第二次世界大战后的社会重建期，大众文化、消费主义的兴起促使服饰设计更加贴近生活，实用性与大规模生产相结合的设计策略逐渐占据主流市场。20世纪60年代以来的社会文化变革，如青年亚文化、女性主义、多元文化主义等思潮的兴起，使服饰设计表现出更加多元的风格和语境化表达方式，材质、工艺、造型的创新性应用也得到了关注。进入21世纪，数字化技术、可持续发展理念的普及推动服饰设计的变革。3D打印、智能材质、虚拟设计工具等技术手段为设计师提供了更大的创作空间，使个性化、功能化、环保性成为服饰设计的新趋势。经济全球化带来的文化交融，使传统工艺与现代技术在服饰设计中实现了深度融合，既能满足消费者对文化认同的需求，也彰显着现代服饰设计的艺术价值和时代特征。

二、现代服饰设计的创新方向

现代服饰设计的创新在经济全球化、科技进步、消费者需求多样化的驱动下，呈现出功能性、可持续性、文化表达并重的多维发展态势。首先，功能性设计成为现代服饰创新的重要领域，设计师们通过整合高科技材料与智能技术，开发出具有实用性、舒适性的创新服饰。例如，智能可穿戴设备的兴起使服饰不仅具有装饰功能，还兼具健康监测、导航与数据交互等高端功能，这种技术驱动型设计方向推动着服饰的跨界融合与多功能应用。适应不同场景需求的多用途设计，如可调节的结构、模块化组合，为消费者提供了更高的灵活性与实用性。其次，可持续性设计日益成为行业的关注焦点。随着环保意识的增强，服饰设计更加注重材料的可持续性与生产过程的低碳环保。设计师广泛采用可再生材料、再生纤维、低污染染色工艺，探索循环设计理念，延长服饰的生命周期，倡导绿色消费模式。这种关注生态的创新方向不仅体现着对环境的责任感，还增强了服饰设计在市场中的竞争力。最后，文化表达与艺术性结合的设计逐渐走向国际化语境下的本土化创新。现代服饰设计通过对传统工艺、地域特色、民族文化元素的重新演绎，为设计注入深厚的文化内涵。例如，非物质文化遗产元素在现代服饰中的创造性转化，使其既具有艺术价值，又符合当代消费者的审美需求。同时，跨文化设计成为趋势，不同地域文化符号在服饰中的融合与再现，推动着多元文化语境中的时尚表达。设计师更加注重传统技艺与现代技术的深度结合，通过解构与重组、数字化设计与个性化定制，使服饰呈现出文化价值与时尚前瞻性的双重魅力。因此，现代服饰设计的创新方向不仅满足了当代社会对实用性、环保性、文化表达的多重需求，还展现着设计语言与科技融合的无限潜力，为行业的可持续发展开辟了新路径。

三、艺术与科技结合的设计理念

艺术与科技结合的设计理念在现代服饰设计中展现出前所未有的创新潜力，通过整合传统工艺与前沿技术，将美学表达与功能应用相结合，推动服饰设计领域深度变革。首先，这种理念强调以科技为基础，拓展艺术设计的表现形式。数字化技术的应用使设计师能以更高的精确性与灵活性实现复杂的创意表达。例如，三维建模、虚拟试穿技术的引入，使设计方案的呈现更加生动具体，也减少了物理样品制作的成本与浪费；激光切割、3D打印技术的应用，使服饰的纹样、结构设计、材料利用更具创意性，为传统工艺的数字化再现提供了新可能。其次，艺术与科技结合的设计理念注重功能性与互动性的平衡。在智能科技的支持下，现代服饰不仅具有视觉吸引力，还兼具智能化功能，如可穿戴设备的体温监测、运动追踪等功能，实现了服饰从被动装饰向主动服务的转型。互动设计的加入，如光敏材料、触控面料、可编程图案，使服饰可以根据环境与用户需求动态变化，从而增强了其穿戴体验与个性化表达。再次，艺术与科技结合的设计理念还体现在对可持续设计的深度探索上。通过将环保材料与智能制造技术相结合，设计师不仅能减少对自然资源的消耗，还可以创造出符合现代社会绿色发展需求的服饰。再生材料的使用、废料智能化再加工及生态染色工艺的推广，都体现着艺术与科技融合对服饰设计行业生态责任的重新定义。最后，艺术与科技结合的设计理念推动着传统与现代的跨界融合。以传统文化元素为基础，利用先进技术进行解构与再创作，使传统手工艺得以在数字化语境中焕发新生，成为现代服饰设计中的重要组成部分。这不仅加强了文化传承，还使服饰成为跨时代和跨文化交流的关键媒介。因此，艺术与科技结合的设计理念通过技术的深度赋能与艺术表达的不断革新，不仅丰富了现代服饰设计的语言与形式，还为行业的发展开拓了发展空间，体现着美学与功能、传统与未来的统一。

第三节

雕刻工艺在现代服饰设计中的创新应用

一、雕刻工艺在金属饰品设计中的再创造

雕刻工艺在金属饰品设计中的再创造，是传统技艺与现代设计相结合的典范，赋予了金属饰品全新的美学表达与功能价值。在现代服饰设计中，金属雕刻工艺不仅延续了传统手工艺的精湛技法，还通过材料、工艺与设计理念的革新，丰富着饰品的表现形式与文化内涵。

首先，传统雕刻技法在金属饰品中的应用经过重新诠释，实现了传统美学与当代时尚的融合。例如，精细的镂空雕刻工艺，通过手工或数控设备在金属表面制作复杂的纹理、图案，赋予饰品更具层次感的装饰效果。

中式传统纹样，如祥云纹、龙凤纹，通过现代设计语言的简化与重组，与金属材质的光泽感结合，不仅保留着东方美学的韵味，还散发着国际化的时尚气息。其次，雕刻工艺在金属饰品设计中的再创造还体现在新材料的引入与多工艺的融合。现代金属材料，如钛合金、不锈钢、记忆金属等，因质地轻盈、耐腐蚀、易于加工的特性，成为雕刻设计的关键选择。设计师通过激光雕刻、酸蚀雕刻等现代技术，与传统手工雕刻相结合，实现了更高精度与复杂的图案表现。多种材料的混搭，如金属与树脂、金属与天然石材的结合，通过雕刻技法的精细加工，在材质对比中展现出独特的艺术效果。最后，数字化技术的引入为金属饰品的雕刻设计开辟了新路径。通过计算机辅助设计（CAD）软件，设计师可以在虚拟环境中对复杂图案进行设计与调整，将二维设计直接转化为三维雕刻，从而提高设计的效率与精确度。数控雕刻机的广泛使用，使传统烦琐的手工工艺得以标准化和批量化生产，既能满足市场需求，又降低了制作成本。总之，雕刻工艺在金属饰品设计中的再创造，是传统与现代、艺术与技术深度融合的体现。通过技法的革新、材料的扩展、设计理念的升级，不仅延续着传统工艺的文化价值，还为现代服饰设计注入了更多的创意可能。

二、雕刻工艺在皮革服饰中的装饰性应用

雕刻工艺在皮革服饰中的装饰性应用体现着传统技艺与现代时尚设计的融合，为皮革服饰增添了精致细腻的艺术表现力。在现代服饰设计中，皮革作为质感独特且富有韧性的材料，通过雕刻工艺的介入，突破了传统皮革装饰的单一形式，展现出更加丰富的层次感与装饰性效果。首先，激光雕刻作为精确高效的技术，被运用于皮革服饰的表面装饰设计中。通过激光雕刻技术，可以在皮革表面形成复杂的纹理、图案，从传统花卉纹样到几何抽象设计，雕刻出的纹样在光影的映衬下呈现出鲜明的立体效果，使服饰整体更具艺术性。激光雕刻的高精度能满足对细节表现的要求，如在手袋、靴子、夹克上雕刻极具个性化的图案和标志，为产品增添专属感。其次，传统手工雕刻工艺在皮革服饰中的应用强调文化与艺术价值。通过手工压印或雕刻技术，可以在皮革表面塑造出浮雕效果，使装饰

图案具有强烈的触感与视觉冲击力。这种工艺特别适用于高端定制的皮革服饰，如高级定制夹克、皮包、腰带，可以民族纹样或古典图案为主题，通过雕刻技法再现传统文化符号。例如，采用手工雕刻制作的中式祥云纹饰的卷草花纹，赋予皮革服饰深厚的文化内涵与历史价值。再次，雕刻工艺与染色工艺的结合在皮革服饰中也展现出独特的装饰效果。在雕刻纹样的基础上，通过多层次的染色处理，可以形成丰富的色彩对比，从而强化雕刻图案的视觉表现力。例如，雕刻后的皮革通过渐变染色或局部点染技术，使图案呈现出自然过渡的色彩效果，不仅提升了装饰的层次感，也增加了服饰整体的时尚感。最后，数字化技术推动着雕刻工艺在皮革服饰中的应用。通过计算机辅助设计（CAD）软件，设计师可以实现对复杂纹样的精准设计，结合激光雕刻技术在皮革表面快速呈现，既可满足大规模生产需求，又能保持设计的独特性。消费者可以通过数字平台参与到设计环节中，定制自己的专属图案，充分体现着雕刻工艺在皮革服饰中装饰性和个性化的结合。

三、雕刻工艺与珠宝镶嵌的跨界融合

雕刻工艺与珠宝镶嵌的跨界融合在现代服饰设计中展现出独特的艺术表现力与技术深度，为高端饰品与时尚服装的创作提供了无限可能。这种融合不仅延续着传统雕刻与镶嵌工艺的精湛技法，还通过材料与工艺的创新突破，为服饰设计注入了全新的审美价值。首先，雕刻工艺通过对金属、天然石材、木材的细腻处理，为珠宝镶嵌提供了独特的载体。在金属饰品制作中，雕刻技术可用于打造复杂的纹样与精细的凹槽结构，为宝石创造稳固的嵌合点。例如，通过手工雕刻的微型花纹或立体结构，可以使宝石嵌入后形成更为自然的过渡，也能增强饰品整体的层次感与立体感。雕刻工艺还可用于提升珠宝镶嵌主题的整体性，通过精心雕刻的背景图案、图形，呼应镶嵌宝石的颜色与形状，构成完整的设计语言。其次，雕刻工艺在珠宝镶嵌中还注重与现代科技的结合，从而拓展了跨界设计的可能性。以激光雕刻、3D打印技术为代表的数字化工艺，赋予了珠宝与服饰设计更高的自由度。通过数字化建模，设计师可以在计算机上模拟复杂的雕刻纹样与镶嵌结构，并结合高精度的激光雕刻设备实现无缝切割与镂空雕刻，使饰品设计更具创新性、现代感。例如，在高定礼服或配饰制作中，雕刻工艺可以为珠宝打造轻盈的金属镶嵌框架，通过镂空工艺减轻饰品重量，提高佩戴舒适性。再次，雕刻工艺与珠宝镶嵌的跨界融合也体现着传统文化与现代设计的深度对话。在中华传统文化中，玉雕与金银镶嵌工艺自古相辅相成，现代设计师通过将传统技艺与当代时尚语言相结合，可为珠宝服饰设计注入文化内涵。例如，在高级定制项链设计中，通过雕刻技法展现传统吉祥图案，并嵌入钻石、红宝石等高价值珠宝作为点缀，形成中西融合的时尚表达，不仅彰显着工艺的独特价值，还提升了作品的商业吸引力。最后，雕刻工艺与珠宝镶嵌的跨界融合推动着个性化定制的发展。在定制珠宝或服饰饰品中，雕刻工艺能精准地将消费者的个性化需求体现在设计细节中，如在戒指或胸针上雕刻专属的图案或文字，结合独特的宝石镶嵌工艺，打造真正意义上的专属定制品。这种跨界融合不仅可满足消费者对独特性的追求，也使雕刻工艺在时尚行业中的应用更加多样化与现代化。

四、雕刻技法在高定礼服中的精细表达

雕刻技法在高定礼服中的精细表达将传统工艺与现代时尚紧密结合，为高端服饰设计注入了独特的艺术气质与奢华感。通过将雕刻的精细技艺应用于礼服装饰设计中，不仅可增强服饰的层次感、立体感，还彰显着手工技艺的非凡价值，从而提升高定礼服的整体视觉冲击力。首先，雕刻技法可运用于礼服的面料制作中，在金属线绣、珠光薄纱、硬质面料上通过激光雕刻或手工雕刻的方式，制作出复杂且极具表现力的花纹、图案、立体效果。例如，设计师常通过激光切割在绸缎或丝绒面料上雕刻出细腻的植物纹理或几何图案，通过贴合身体曲线的剪裁使雕刻纹样与礼服整体设计融为一体，从而营造出视觉上的轻盈感和触感上的层次感。这种工艺适用于晚宴礼服与红毯服饰，能精准展现高定服装的定制化精髓。其次，雕刻技法在高定礼服中被用于打造复杂的立体装饰细节，如肩部装饰、腰部镶边、裙摆结构。以金属片、硬纱、珍贵木质材料为基础，通过雕刻技术

制作成华丽的花瓣形状、抽象的雕塑造型或动态的几何结构，再将立体装饰元素缝制或镶嵌在礼服的关键部位，从而形成独特的视觉焦点。这种精细雕刻设计不仅为礼服注入了艺术化的表达，还使礼服的整体造型更加富有层次感，增强了其舞台表现力。再次，雕刻技法的应用还可通过跨界工艺的融合，推动高定礼服设计的创新发展。以数字化雕刻技术为例，设计师可以通过3D建模与打印，将手工雕刻难以实现的复杂纹样或结构精确地呈现在礼服装饰中。例如，在定制礼服的腰带或胸饰设计中，通过3D打印生成的雕刻纹样，不仅能呈现出高度复杂的细节，还能通过材质的混搭如金属、树脂、珠光涂层，创造出传统工艺与现代科技融合的独特质感。最后，雕刻技法在高定礼服中的精细表达也传递出浓厚的文化价值与历史传承。部分设计师通过雕刻技艺融入特定文化符号、图案、神话元素，赋予礼服设计独特的主题意义，如中国传统龙凤纹。通过雕刻技法的精准表达，不仅可展现工艺的深厚底蕴，还使礼服成为跨文化交流的艺术载体。

第四节

不同雕刻工艺在现代服饰设计中的应用案例分析

一、海南椰雕在现代服饰设计中的应用

（一）海南椰雕的起源与发展

海南椰雕的起源可以追溯到中唐时期，其最初源于海南岛丰富的椰子资源，体现着黎族人民因地制宜的智慧与创意。早在唐大中元年（847

年），文人刘恂即在《岭表录异》中对椰子壳的质地与用途进行了描述，指出其坚硬特性可用于制作器物，标志着椰雕开始进入人们的生活视野。宋代文豪苏东坡更是将椰雕融入生活，曾在海南委托当地匠人制作了一顶"椰子帽"，称为"椰子冠"，并留下诗句"自漉疏巾邀醉客，更将空壳付冠师。"到了明清时期，椰雕技艺日益精湛，不仅被用于生活器具的雕刻，还逐渐发展出了具有装饰性的艺术品。经过精雕细琢的椰雕工艺品，如椰壳碗、椰壳杯等，作为"天南贡品"进贡朝廷，深受皇室喜爱。其中清代的椰子银里碗，以外观简约大气、内部镶银的独特设计，被视为宫廷珍品。进入民国时期，椰雕进一步走向国际市场，成为外销欧美和东南亚地区的热门手工艺品。新中国成立后，椰雕技艺得以复苏；20世纪70年代，椰雕工匠创新生产了割棕工艺品，为传统椰雕注入新活力。改革开放以来，海南椰雕再次焕发光彩，成为传统与创新相结合的工艺典范，在现代设计领域扮演着关键角色。

（二）海南椰雕制作工艺与特色

海南椰雕制作工艺以复杂精细的流程与独特的艺术表现而闻名，制作过程始终融合着传统技艺与现代创新。首先，选料是关键环节，通常选择颜色偏黑、质地坚硬的老椰壳，以确保雕刻过程中的稳定性与最终成品的耐久性。椰壳在去除椰棕和初步抛光后，进行画稿设计，这是雕刻前的关键步骤，需确保构图的准确性。其次是雕刻环节，雕刻艺人使用拼刀、斜刀、平刀等工具，通过刮、挑、平推等手法进行雕刻、通花与镶嵌，并进行多次抛光打磨以提升作品的光泽与质感。椰雕制作强调"因壳赋形"，即根据椰壳的自然形状进行创作，将实用性与装饰性相结合，作品主题多以传统吉祥图案、几何图形、海南特色的自然景观和人文故事为主。最后，海南椰雕工艺表现手法主要包括："粘粘拼切"，通过椰壳等元素的点缀增强装饰性；"塑胎成型"，打破了椰壳的原有形态，以粘连叠加的方式构建全新造型；独创的"榫卯结构"技艺，这种传统工艺的融入在避免使用胶水或钉子的情况下，实现了紧密的拼接效果，使作品更加坚固且具有艺术性。整套工艺不仅体现着椰雕制作技术的高水平，也展现着海南椰雕在现代设计中的创新潜力。

（三）海南椰雕的美学特征

1.海南椰雕的装饰美

海南椰雕的装饰美体现在其独特的艺术风格与精美的细节处理上，既彰显着传统工艺的文化传承，又融入了现代设计的美学追求。首先，椰雕作品以丰富多样的装饰纹样展现着装饰美，主要包括传统的吉祥图案、几何形状、自然景观、人物故事等，这些纹样通过雕刻技艺的细致处理，形成了层次丰富、立体感强的装饰效果。其次，椰雕在表现形式上充分利用了椰壳天然的材质特点，以独特纹理与光泽为基底，结合镂空、通花、镶嵌等多种工艺手法，使每件作品都具备独一无二的艺术质感。例如，椰雕中常见的镶嵌贝壳工艺，将贝壳的色彩、光泽与椰壳的自然质地相结合，既强化了作品的视觉冲击力，又赋予了其装饰艺术的独特性。最后，椰雕的造型设计讲究"因壳赋形"，即创作者根据椰壳的天然形态进行巧妙构思，通过细腻的雕刻与构图安排，将自然之美与人文情感相结合，呈现出结构均衡、纹样精细的装饰效果。

2.海南椰雕的功能美

海南椰雕的功能美体现为兼具实用性与艺术性的双重特质，既可满足日常生活的使用需求，又赋予器物以丰富的文化内涵与艺术审美。海南椰雕作为源自生活的工艺，始于对椰壳自然特性的充分利用，其坚韧、防腐、耐磨的材质特点，使其成为理想的生活器具原料。通过精巧的雕刻工艺，椰壳被制成碗、杯、勺等炊具，以及茶叶盒、灯罩、首饰盒等日常用品，这些物品不仅牢固耐用，还通过精细的雕刻装饰，展现着椰雕独特的功能美。在设计过程中，椰雕艺人将"因壳赋形"的理念贯穿始终，根据椰壳的形态与特质进行合理设计，以此确保功能性与审美效果的完美统一。例如，椰雕茶叶盒不仅具有良好的密封性能与耐用性，表面雕刻的传统吉祥纹样或自然景观，还赋予了器物文化价值与艺术气息。椰雕的功能美还体现在对现代需求的适应性上，传承人通过技法创新，将传统椰雕与现代工艺相结合，开发出具有当代实用功能的高端文创产品，如饰品挂件与家居装饰品等。椰雕的功能美不仅延续着传统的实用价值，也通过艺术的表达与设计的优化，满足着当代消费者对生活美学的追求，展现着海南传统工艺在现代社会中的独特魅力。

3.海南椰雕的原生美

海南椰雕的原生美源于椰壳材质天然的独特质感与纹理，与雕刻技艺的结合赋予了其浑然天成的艺术气息。作为椰雕的主要材料，椰壳自然形成的纹路、色泽、坚韧的质地，展现着质朴而厚重的美感，这种天然属性与雕刻工艺相辅相成，塑造出独特的视觉与触觉体验。未经雕琢的椰壳纹理自带一种粗犷与自然的韵味，在雕刻者的巧妙设计下，自然之美被进一步放大，形成了结合手工技艺与材料本身特色的"原生之美"。此外，椰雕的制作常强调"因壳赋形"，即根据椰壳的形态、厚薄、曲面进行设计，将材料本身的特质最大限度地融入作品中，使每件作品都独一无二，体现着自然形态的多样性与雕刻技艺的灵动性。椰壳经过抛光处理后，表面的光泽与纹路交相辉映，既保留着材料的原始感，又增添了艺术的精致感。椰雕的原生美不仅是一种视觉呈现，也是一种对自然的尊重与传承，通过挖掘材料本身的价值，将原始之美与人文艺术融为一体，展现出传统工艺独特的文化韵味与生态哲学。

4.海南椰雕的工艺美

海南椰雕的工艺美体现在其精湛复杂的制作技艺与多样化的雕刻表现手法中。椰雕制作需要经过选材、抛光、设计、雕刻等多道繁复工序，精益求精的技艺体现着雕刻者对工艺的极高要求。在选材阶段，设计师主要选择颜色较深、质地坚硬的老椰壳，因为其水分较少且不易变形，适合进行雕刻。选定椰壳后，对其表面进行精细抛光处理，去除杂质，使其表面更加光滑，为后续雕刻做好准备。在雕刻过程中，工匠灵活运用多种雕刻技法，主要包括平面浮雕、立体浮雕、透雕、深雕等，结合镶嵌、拼贴、通花等手法，使椰雕的表现形式更加丰富多样。此外，随着技艺的不断进步，椰雕工匠还创新了诸多新技法，如"榫卯结构"工艺，将传统中国榫卯技艺与椰壳雕刻相结合，展现出作品的结构美与严谨性。每件椰雕作品都经过反复的雕琢与细致的打磨，其在纹理、造型与结构上呈现出和谐的美感。海南椰雕的工艺美不仅展现着传统手工艺的精髓，也赋予了作品独特的地域文化特色，将技艺与艺术完美融合，成为海南特色工艺品的典范。

（四）海南椰雕在现代服饰设计中的创新应用

1.将传统椰雕纹样融入服饰装饰设计

将传统椰雕纹样融入服饰装饰设计，需结合数字化技术与现代工艺对纹样进行提取、改造、再设计，使其适配不同服饰产品的装饰需求。首先，设计师可以通过数字化扫描技术，将椰雕纹样如几何图案、植物花卉、民族图腾等传统元素以高精度形式进行数字化采集，并存储为可编辑的设计模板，用于后续的服饰设计创作。其次，设计师可以通过计算机辅助设计（CAD）软件对纹样进行调整，如改变纹样的比例、对称性、排列方式，使其适配不同的服饰部位，如衣领、袖口、腰带、裙摆。对于高端服饰，可以将传统纹样与现代元素结合，如在旗袍上融入椰雕的叶片纹样，增添自然气息，彰显独特的地域文化。再次，在制作中，可采用刺绣、轧花、镂空、烫印等多种工艺将椰雕纹样转化为服饰装饰。例如，通过刺绣工艺，将椰雕纹样绣制在丝绸或麻布面料上，形成高端服饰的精美细节；利用镂空技术，在皮革材质上表现椰雕纹样的立体感、细腻感，打造独特的手袋或鞋履。最后，设计师可尝试将传统纹样应用于金属装饰件的设计中，如将纹样雕刻在扣环或纽扣表面，镶嵌于服饰上，形成点睛之笔；还可以利用3D打印技术，制作出纹样复杂的装饰组件，与服饰拼接，赋予产品现代感的立体效果。

2.利用椰雕材质进行服饰配饰设计

椰壳天然的材质特性与独特纹理，为服饰配饰设计提供了丰富的可能性。设计师可以通过对椰壳进行雕刻、抛光等工艺处理，将其制成纽扣、吊坠、腰带扣、耳饰等装饰性组件。在高端休闲服饰中，可以椰壳纽扣取代传统纽扣，使服饰既具有自然质感，又带有独特的工艺感。设计师还可通过对椰壳进行染色和镶嵌处理，使其展现更加多样化的视觉效果。例如，将染色后的椰壳镶嵌在手袋或腰带上，与皮革、金属等现代材料结合，打造独特的混搭风格。在珠宝配饰设计中，可以将椰壳切割成薄片，雕刻出细致的图案，与金属镶嵌技术相结合，用于项链、手镯等饰品的制作。这种方式既拓展了椰雕的使用领域，也提高了现代服饰的地域文化的辨识度与独特魅力。

3.椰雕在鞋履与包袋设计中的创新应用

在鞋履与包袋设计中，椰雕的创新应用可以通过其独特的纹理与坚韧的质地，结合现代设计手法和工艺技术，为产品增添环保性、艺术价值。在设计中，主要包括将椰雕运用于鞋履、包袋的装饰性构件和功能性部件中，以此实现传统工艺与现代设计理念的融合。

首先，在鞋履设计中，可以将椰雕应用于鞋面的装饰设计。例如，通过雕刻技术制作出细腻的纹样，如几何图案、植物花纹、民族元素并镶嵌在鞋面或鞋跟部分，使鞋履极具艺术性。椰壳的坚韧性使其适合作为鞋跟装饰或鞋底镶嵌的强化材料，设计师可以利用椰壳的天然弧度，将其切割成符合鞋履结构的形状，经过抛光与染色处理后固定在鞋跟或鞋底外缘，既可起到保护作用，又能提升鞋履整体的设计感。其次，在包袋设计中，椰雕可以用作包扣、装饰挂件、包身面板。设计师可以将椰壳切割成薄片，雕刻出精美的纹样，作为包袋扣件的主视觉装饰，如采用镶嵌或黏合技术将椰雕片材固定在包袋的皮革或织物表面，形成独具特色的装饰效果；还可将椰雕制成圆形或方形片状，搭配金属链条或皮革条，作为手提包或单肩包的挂饰，增加包袋的动态美感。最后，为实现功能性与装饰性的平衡，可以结合现代制造技术，优化椰雕的加工流程。例如，利用激光切割技术精确处理椰壳边缘，使其与其他材料实现无缝拼接；通过染色与抛光技术，赋予椰雕更时尚的外观，从而满足消费者个性化与多样化的需求。通过创新设计，椰雕在鞋履与包袋中得到了广泛的应用，赋予了产品独特的文化内涵与市场价值。

二、海南木雕（花瑰艺术）在现代服饰设计中的应用

（一）海南木雕（花瑰艺术）概述

海南木雕中的"花瑰艺术"是集雕刻与彩绘于一体的民间艺术形式，名称源自海南澄迈县方言中对木偶像的称呼——"木鬼"，因搭配红、黄、蓝、黑、白、金、银七彩的装饰，逐渐被改称为"花瑰"，以更吉祥且体现工艺特色的名称展现其艺术魅力。该艺术形式兴起于宋代，兴盛于明

清，与海南佛教、道教、民间信仰的蓬勃发展息息相关。花瑰艺术作为海南文化的关键载体，承载着丰富的历史、宗教、民俗信仰信息，雕刻与装饰的技艺反映着海南民间艺人高超的艺术造诣与创作能力。海南花瑰艺术不仅吸收了江西吉安木雕、福建莆田木雕等流派的雕刻技法，还融合了油画、粉彩画的绘画技艺，形成了独特的"七彩雕画"风格，其中以澄迈县的花瑰雕刻传承最为完整。该艺术形式以宗教题材为主，在造型上既保留着原始质朴的意象，又逐渐融入古典、抽象、现代艺术的表现方式，作品常出现在海南的庙宇雕像、民俗装饰、木偶戏表演中，成为连接海南历史与当代民众生活的纽带。作为国家级非物质文化遗产，花瑰艺术不仅深受本地居民的喜爱，还在海南艺术领域中占据独特地位，展现着浓郁的地方文化特色与社会价值。

（二）海南木雕（花瑰艺术）的美学特征

海南木雕（花瑰艺术）以独特的美学特征在我国传统工艺中独树一帜，既融合了传统民间艺术的朴素审美，又体现着宗教文化的深厚意境与地方特色的艺术表现力。首先，色彩运用极具艺术张力，被称为"七彩雕画"，结合红、黄、蓝、黑、白、金、银等浓烈色彩的大胆鲜明的配色不仅突出了雕刻作品的装饰性，也赋予了木雕强烈的视觉冲击力，体现着海南民间对美好生活的热爱和崇尚。其次，花瑰艺术的雕刻形式丰富多样，既有立体感强的圆雕、浮雕，也有装饰性更强的透雕、深雕，这些技法在精湛的工匠技艺下被巧妙地结合到作品中，既保留了传统的朴拙意象，又兼具古典和现代艺术的表现手法。再次，花瑰艺术还以题材广泛、内容丰富见长，雕刻内容多与宗教信仰、民俗传统、自然景观密切相关，如佛教神像、道教人物、历史故事、海南地方动植物等，这些题材选择不仅体现着海南人民对宗教和自然的崇敬，也表现出鲜明的地域文化特色。澄迈县的花瑰艺术，其独特的雕刻与彩绘技法传承完整，作品既如油画般柔和细腻，也蕴含粉彩画的虚实结合，成了海南艺术花园中独具一格的视觉语言。最后，花瑰艺术在表现形式上具有强烈的装饰性与功能性，被广泛应用于庙宇雕像、居家装饰、民俗活动中，成为海南文化的关键组成部分。其不仅承载着海南的历史记忆和文化传承，也展现着民间艺术的多元魅力，充分体现了实用与审美的高度统一。通过融合宗教信仰与地域文化的元素，海南木雕（花瑰艺术）展现出独特的原生态艺术美感，也为现代艺术设计提供了丰富的文化灵感。

（三）海南木雕（花瑰艺术）在现代服饰设计中的创新策略

1.将花瑰雕刻图案融入服饰刺绣与印花设计

海南木雕（花瑰艺术）的独特之处在于其雕刻的细腻纹样与鲜艳的七彩配色。为将传统海南木雕（花瑰艺术）融入现代服饰设计，可将花瑰艺术中的经典图案提取出来，重新进行数字化设计，应用于服饰刺绣与印花图案的开发中。在实践中，设计师可通过高分辨率扫描技术对花瑰木雕上的经典纹样进行采集，并结合计算机辅助设计（CAD）软件对图案进行矢量化重绘，使其成为适用于大规模生产的设计素材。例如，花瑰艺术中的宗教人物纹样、自然景观元素、几何装饰符号可以经过简化和风格化处理，转换为适合于服装局部装饰的印花图案。这些图案可以运用到风衣、外套、丝巾等服饰的局部区域，同时通过丝网印刷、数码喷绘等现代工艺保证原始图案的清晰度与色彩饱和度。在刺绣工艺中，可以结合花瑰图案的线条感与细节层次，通过丝线与金属线的混合运用，将传统手工技艺与现代审美相结合，打造既具有文化内涵又符合潮流的刺绣装饰。

2.融合花瑰雕刻技艺打造独特服饰配件

海南木雕（花瑰艺术）以立体雕刻和精细彩绘著称，可以通过将其技艺与服饰配件的设计相结合，创造出独具海南文化特色的饰品。例如，设计师可以选择花瑰艺术中的宗教人物雕像或自然动植物纹样，将其小型化并作为装饰物用于项链、耳环、腰链或手链中。在操作上，可采用传统的木雕雕刻工艺，将高质量的木材如椰木或花梨木雕刻成小型装饰挂件，并辅以现代工艺技术如激光雕刻、表面抛光，使其更加精致。在彩绘部分，可以延续花瑰艺术的"七彩雕画"传统，使用环保涂料对挂件进行上色，以增强作品的装饰性与视觉冲击力。此外，这些木雕配件还可以通过镶嵌技术与金属、皮革、宝石相结合，赋予现代服饰配饰更丰富的材质层次。例如，在腰带的金属扣件或皮包的挂件设计中加入花瑰木雕元素，形成独特的跨界产品，既具有实用性，又能提升产品的艺术价值。

3.开发花瑰艺术元素与时尚高定服装的跨界合作

海南木雕（花瑰艺术）的雕刻艺术与彩绘工艺可与高定服装设计相结合，在礼服和舞台服装领域展现其艺术价值。设计师可将花瑰艺术的雕刻技法转化为服装立体装饰工艺。例如，采用3D打印技术模拟花瑰木雕的立体纹样，并使用轻量化材料如高强度塑料或树脂，制作成衣领、肩部或腰部的装饰配件，再将这些配件固定到高定礼服的特定部位，从而形成雕塑感极强的整体造型。花瑰艺术的"七彩雕画"则可以通过印染和手工上色的方式应用于礼服的整体设计中。例如，在裙摆和袖口局部呈现彩绘木雕纹样，使整套礼服既保留海南传统文化的神韵，又符合国际时尚的审美趋势。此外，为增强设计的文化深度，设计师可以将花瑰艺术的民俗故事作为灵感来源，设计出主题化的服饰系列。例如，通过再现花瑰艺术中的宗教人物或自然景观，创造出富有叙事性和情感共鸣的高定时装，以此打造具有海南独特文化魅力的国际品牌符号。

三、传统纸雕艺术在现代服装设计中的应用

（一）传统纸雕艺术的起源

传统纸雕艺术起源于中国古代，可追溯至东汉时期蔡伦改良造纸术之后。纸的发明与普及为艺术形式的产生提供了可能性，纸雕作为独特的工艺形式，逐渐在宗教、祭祀、民俗活动、装饰中得到广泛应用。早期纸雕多以祭祀用品与礼仪装饰为主，如用于宗教仪式中的花灯装饰、纸糊扎作等，具有强烈的功能性、象征性。在民间传统文化中，纸雕艺术经常与剪纸、扎纸相结合，用于制作民俗节庆的装饰品，如春节时窗花的立体化表达或中秋灯笼的复杂结构。宋元时期，随着纸张制作工艺的提升与民间艺术的发展，纸雕表现形式趋于多样化，除平面的剪刻装饰外，还发展出三维立体化的构造工艺，成为重要的民俗艺术形式之一。在江南地区，纸雕的精美程度与艺术价值十分突出，常被用于制作婚礼、寿宴等喜庆场合的

装饰品。传统纸雕不仅是工艺技术，也是文化情感的象征，通过复杂的工艺体现着对自然、社会、人文精神的深刻理解。如今，纸雕技艺依然保留在部分传统节庆和民间手工艺中，成为现代艺术与设计的灵感来源。

（二）传统纸雕艺术特点及种类

1.传统纸雕艺术特点

纸雕艺术作为古老且富有创造性的手工艺术，展现出显著的特点与多样化的表现形式，其独特性为现代艺术设计和文化传承提供了广阔的应用空间。首先，纸雕艺术具有强大的易操作性，材料简单且易得，仅需纸张即可展开创作，不需要复杂的工具，这种低门槛的特点使其成为从儿童到成人都能参与的艺术形式。从简单的折纸到复杂的镂空雕刻，纸雕艺术通过折叠、裁剪、组合，不仅可开发制作者的空间思维与动手能力，也让创意表达变得便捷灵活。其次，纸雕艺术的装饰性十分突出，通过折叠、镂空、弯曲、叠压等多种工艺手法，可以表现出丰富的层次感与动态美感，形成多样化的视觉效果。这种装饰性使纸雕艺术成为节日装饰、家居设计、服饰装饰的理想选择，其形式既可以是锋利的、锐利的，也可以是柔和的、圆润的，从而满足了不同审美风格的需求。最后，纸雕艺术的文化表达性赋予其深厚的内涵，其不仅是一种艺术形式，也是文化传递的媒介。无论是象征吉祥寓意的剪纸窗花，还是寄托哀思的丧俗纸扎，纸雕通过图案和形态表达，将人们的情感和思想具象化，传递着特定文化中的信仰与价值观。这种文化特质使纸雕艺术具有深远的社会意义，能在传承传统的过程中融合现代设计语言，成为独特的艺术表达方式与文化载体。

2.纸雕艺术的种类

纸雕艺术根据其展现形式与表现手法，主要分为平面纸雕和立体纸雕两大类别，各具独特的艺术特征与表现力。平面纸雕是通过一维的雕刻手法，在纸张上塑造出阴阳镂空的艺术效果，这种形式与传统剪纸艺术密切相关。剪纸艺术作为平面纸雕的关键分支，以镂空工艺与装饰性图案著称，可以呈现出极具美感的平面视觉效果，是平面纸雕中最为经典的表现形式。与平面纸雕相对，立体纸雕通过折叠、叠压、卷曲等多样技艺，表现二维、半立体、三维的前后层次关系。立体纸雕主要包含三维立体的圆雕和二维半（半立体）的浮雕形式，其手法技艺能大幅提升作品的空间感与装饰性。开合式立体纸雕是一种可以像书页一样折叠和展开的动态纸雕，类似于开合式贺卡，具有趣味性、互动性；半立体纸雕通过弧状处理，在纸张廓型边缘塑造出浮雕效果，使其具备独特的半空间状态；欧式立体画通过层叠粘贴不同形状的纸片，形成丰富的立体层次感，与半立体纸雕相比更强调整体的叠加效果。纸雕艺术还可以根据色彩分为单色纸雕与多色纸雕两种表现形式。单色纸雕通过一种颜色的运用，以光影效果展现作品的平面或立体感，风格简洁、优雅，注重光线明暗的层次变化；多色纸雕利用丰富的色彩搭配，通过冷暖对比和明暗层次展现更为复杂的空间结构。这两种色彩形式既相互独立，又相辅相成，为纸雕艺术的表现力提供了更多的创作可能性。无论是维度的划分还是色彩的运用，纸雕艺术的多样性使其在设计领域中具备了广泛的适应性与艺术魅力。

（三）纸雕艺术的工艺手法在服装设计中的表现方式

1.平面纸雕中剪刻纸工艺在服装设计中的表现方式

平面纸雕中剪刻纸工艺在服装设计中的表现方式，主要是通过剪纸的直接应用与镂空工艺的创新应用，在现代服装设计中展现出极具艺术感与趣味性的视觉效果。第一，剪纸的直接应用，主要是以剪纸本身的图案作为装饰元素，将布料剪裁成剪纸的样式后，直接缝制在服装上。这种方式直观而具冲击力，可以完整地呈现设计师的创意，并赋予服装浓郁的传统文化内涵。例如，在白色西装设计中加入剪纸图案，不仅可增添服装的趣味性，还让原本单调的设计瞬间生动鲜明，使服装更具辨识度。这种直接应用能强化服装的文化表现力，也能满足人们对传统艺术与现代设计相结合的审美需求。第二，镂空工艺的创新应用，镂空作为剪纸艺术在服装设计中的延展手法，为平面纸雕的表现提供了新可能。镂空技法最初被应用于雕刻领域，剪纸的图案与手法为镂空艺术奠定了基础。现代镂空在服装设计中已不再局限于传统雕刻，而是融入了撕扯、编结、剪切、烧花等多样化技法。这种多样化的表现方式，突破了面料的平面限制，为服装增添了层次感与细节美感。例如，通过编结技术形成的镂空效果，使服装更显轻盈且富有动感；火烧工艺带来颓废之美，营造出独特的质感；剪刻出的镂空花纹则能加强现代服装的表现力，使整体更加活泼通透，避免传统剪纸可能带来的平面化、单调感。通过这些技法，设计师得以在服装设计中探索丰富的材质表达与艺术表现力，使平面纸雕工艺在现代服装中展现出前所未有的创新维度，也为传统工艺赋予了新生命力。

2.立体纸雕中折纸工艺在服装设计中的表现方式

立体纸雕中的折纸工艺在服装设计中展现出极大的表现力与创新空间，主要通过立体结构、几何形态和动态视觉效果呈现，为服装注入独特的艺术美感与空间感。首先，折纸工艺在服装中的表现方式以立体结构为核心，通过将传统平面折叠成复杂的三维形状，使服装设计在视觉上更具层次感、立体感。例如，设计师通过折叠手法将面料塑造成波浪、菱形、多面体等复杂的立体结构，不仅丰富了服装的外观，还赋予了服装更强的艺术张力，使其在整体造型上呈现出建筑般的视觉冲击力。其次，折纸工艺中的几何形态为服装设计提供了新的创意可能。几何折叠在服装中可以通过规则或不规则的图形排列形成独特的纹理效果，如三角形、六边形等重复排列的几何图案，不仅具有极强的装饰性，还能与光影互动，增强服装的视觉表现力。这些几何造型通过面料的特殊处理与缝制技术完美实现，使服装既富有现代感又不失传统工艺的精细质感。最后，折纸工艺还能通过动态的视觉效果提升服装的表现力。折纸结构可以随着人体的动作产生动态变化，如当人体移动时，立体折叠部分会因光线、角度的变化而展现出不同的阴影与视觉层次，为服装增添了活泼的韵律感。这种动态特性不仅可增加服装的趣味性，还赋予了穿着者更强的个性表达与视觉吸引力。

3.纸扎工艺在服装设计中的表现方式

纸扎工艺在服装设计中的表现方式主要在结构设计、材质选取、装饰运用三方面进行具体实践，将传统工艺与现代设计理念相结合，赋予了服装更强的艺术表现力与文化内涵。首先，纸扎工艺通过构建独特的服装结构来体现设计价值。设计师借助纸扎工艺的立体塑型特点，在服装上设计出夸张的肩部造型、叠层裙摆、多维的廓型结构，将传统纸扎艺术的空间感和立体感应用于现代服饰，赋予服装以雕塑般的视觉效果。这种方式可用于高定礼服或舞台服饰，从而突出设计作品的戏剧性、艺术性。其次，纸扎工艺在服装设计中通过材料的选择与创新运用拓展其可能性。设计师不仅可以直接使用特定加工过的纸材进行扎制，还可以选用纸质感的特殊面料与环保型材料，将纸扎的质感和轻盈特点融入服饰设计中。例如，在裙装或外套设计中，可选用轻质、可塑性强的纸质材料制作装饰部件，再通过叠加、粘贴、缝制手法固定在服装上，增强服装的层次感与艺术表现力。最后，纸扎工艺还体现在服饰细节的装饰设计上。设计师可以将纸扎工艺中灵活多变的纹样与结构运用到服装的图案制作或局部装饰上。例如，将传统纸扎花纹通过镂空、刺绣、数码印花的形式转化到服装面料上，或制作成独立的纸扎装饰件，作为服装的点缀元素。通过这些方式，纸扎工艺能够为服装设计注入独特的文化意涵与艺术价值，不仅展现着传统工艺的精美，也创造了服饰设计的新可能性。

4.衍纸工艺在服装设计中的表现方式

衍纸工艺又称"卷纸工艺"，在服装设计中通过纸材的弯曲、卷曲、堆叠手法，为服装提供了独特的装饰效果与结构表现，在礼服、高定服装、舞台设计中得到了广泛运用。首先，衍纸工艺通过卷曲纸张制成丰富的纹理效果，用于服装的局部装饰。例如，将纸材卷曲后形成螺旋状、波纹状、花瓣状的装饰纹理，再将卷曲元素组合成完整的图案，通过手工缝制或粘贴工艺装饰在裙摆、肩部、领口等部位。这种方式赋予了服装更多的立体感与细节美感，并保留了纸材的轻盈特性，增加了服装的视觉冲击力。其次，设计师可以利用衍纸工艺打造服装的特殊廓型或结构元素。通过卷曲、堆叠纸张，将其转化为立体的装饰件，如立体肩饰、腰带、胸前装饰，以此形成独特的雕塑效果。例如，在礼服设计中，可以利用卷曲后的纸材在腰部形成抽象花环或堆叠的结构设计，这种装饰不仅具有艺术美感，还能强化服装的轮廓线条。最后，衍纸工艺与其他工艺的结合，为服装设计带来更多的可能性。设计师可以通过染色、印花、镶嵌技术对卷曲的纸材进行二次加工，如为卷纸边缘增添渐变色彩或在其表面加入金属光泽，从而让服装更具现代感与时尚感。这种工艺常被用于设计概念服装或特定主题服饰，通过纸材的多样化表现，展现独特的创意风格与文化表达。

第八章

织锦工艺在现代服饰制作中的应用

第一节

织锦工艺概念和特点

一、织锦工艺的历史溯源

（一）传统织锦工艺的起源与发展

　　传统织锦工艺是中华民族智慧与劳动的结晶。织锦工艺兴起于中国原始社会晚期，萌芽状态可以从考古发现中出土的简单编织工具与残存织物中窥见端倪。随着生产力的提升，纺织技术逐步发展，织锦在战国时期逐渐形成了系统的工艺体系，并以"蜀锦""宋锦"等代表性织物闻名于世。据《华阳国志·巴志》记载："禹会诸侯于会稽，执玉帛者万国，巴蜀往焉。"距今数千年的蜀国，已经能够生产丝织品"帛"，其智慧与勤劳令人敬仰，而这"帛"便是蜀锦的雏形。汉代时期织锦在丝绸之路中的关键贸易地位，体现着织锦工艺在当时经济与文化交流中的价值。这一时期，织锦不仅作为华美的服饰材料，还被应用于皇室礼仪、祭祀、装饰等领域，成为权贵与身份的象征。唐宋时期，织锦技术达到了新高峰，宋代出现了"经线显花"和"纬线显花"等复杂织法，不同地区的织锦风格也逐渐形成独特的地方特色，如蜀锦色彩浓郁，宋锦花纹细腻。织锦工艺在明清时期进一步发展，通过民间工匠的技艺积累与改进，呈现出更加精美复杂的纹样设计。纵观织锦工艺的发展历程，其不仅是传统纺织技术的体现，也蕴含着中国传统文化与艺术美学的深厚内涵，奠定了织锦在世界纺织史上的重要地位。

（二）不同地区织锦工艺的历史特色

不同地区的织锦工艺因地域环境、文化背景、历史传承的差异，形成了独具特色的历史风貌与工艺特点。蜀锦作为中国织锦工艺的代表，以色彩艳丽、纹样精美、富有立体感的图案著称。蜀锦的历史可以追溯至战国时期，汉代时已成为皇室贵族的重要贡品，因采用复杂的纬线显花技术，被誉为"丝绸之王"。宋锦在宋代繁荣发展，因其主要产地在苏州，又称"苏州宋锦"。宋锦色泽华丽，图案精致，质地坚柔，被誉为中国的"锦绣之冠"，与南京云锦、四川蜀锦、广西壮锦一起构成我国的四大名锦。其纹样设计以细腻柔美的几何图案与植物纹样为主，体现出宋代文人士大夫阶层崇尚雅致的审美风格。壮锦源于广西壮族聚居地区，以鲜明的民族特色与浓郁的地方风情著称，纹样多采用自然景物、动植物、民族神话故事，具有强烈的象征意义与色彩对比。侗锦以独特的工艺技巧与朴实的美感闻名，侗族织女以腰机织造侗锦，善于在经纬交织间表现层次丰富的纹样和饱满的色彩。黎锦作为海南黎族特有的织锦艺术，历史特色源于黎族先民的自然崇拜与生活经验，黎锦纹样多以龙、凤、植物等图腾为主，通过手工腰机织造技艺形成了纬线显花和平纹织造的工艺特色。不同地区的织锦工艺不仅展现了各民族对自然与文化的独特理解，也承载着丰厚的历史记忆和深刻的艺术价值，成为中国传统纺织文化多元而辉煌的篇章。

二、织锦工艺的分类与技法

（一）平纹织锦与复杂织锦的分类分析

织锦工艺按照结构和制作复杂程度，分为平纹织锦与复杂织锦两大类，各自具有独特的工艺特性与艺术表现力。平纹织锦是织锦工艺中较为基础的类型，采用简单的经纬交织结构，以平纹织法为主。平纹织锦工艺较为简便，主要以单色或两三种颜色表现较为抽象的几何纹样、植物图案、简单的线性设计，具有质朴典雅的视觉效果。平纹织锦由于纹样相对简单，在设计上强调纹理感与织物本身的材质美，主要用于日常装饰性纺织品，如垫布、窗帘、靠垫等，展现出传统织锦工艺中的实用价值与美学意涵。复杂织锦以多重工艺结合为特点，利用纬线显花、经线显花、多层次交织等复杂的编织手法，呈现丰富多彩的图案与多维立体的效果。蜀锦、宋锦、壮锦等均属于复杂织锦，织造过程中对色彩的运用更加丰富，一般采用多纬多色工艺，以表现复杂的主题纹样，如山水、人物、神话场景、大型花卉纹饰。复杂织锦的纹样具有极高的装饰价值与象征意义，如蜀锦的龙凤呈祥纹和宋锦的云锦图案，不仅有着极高的艺术性，也承载着深厚的文化与历史内涵。黎锦在复杂织锦分类中具有鲜明的民族特色，通过腰机织造技术形成独特的纬线显花工艺，在有限的色彩中表现抽象的几何纹样、动物纹样、自然景观。复杂织锦的制作工艺精细、成本较高，因此多用于高端装饰与礼仪场合的服饰制作，成为身份与地位的象征。平纹织锦与复杂织锦的分类分析，不仅揭示了织锦工艺在工艺结构上的多样性，也为现代设计提供了传承与创新的可能性。

（二）手工织锦与机械织锦的技法比较

手工织锦与机械织锦在工艺技术、生产效率、艺术表现力等方面存在显著差异，各自具有独特的价值与优势。手工织锦是传统织锦工艺的核心表现形式，主要依赖熟练的工匠以纯手工操作织机完成复杂的图案编织。手工织锦制作过程需要严格遵循传统技艺步骤，如手动设定经纬线的排列、纹样挑选与显现等，有着高度的灵活性与细致的艺术表现。每一件手工织锦作品都蕴含着独特的文化意涵与工匠的个人情感，使其成为具有收藏价值的艺术品。例如，黎锦中的腰机织造工艺通过手工逐纬显花，保留着黎族独特的民族图腾纹样，将传统织锦的纹理美感表现得淋漓尽致。手工织锦因制作时间长、成本高，且依赖工匠技艺水平，大规模生产能力受到限制。机械织锦作为现代工业技术对传统织锦工艺的延伸与改进，通过引入机械化设备，如提花机、自动织机等，实现了织锦工艺的批量化生产。机械织锦采用电脑控制或程序化操作，可以快速完成复杂图案的编织，从而提升了生产效率与一致性。与手工织锦相比，机械织锦在色彩层次与细节还原方面具有显著优势，体现在高度精确的几何纹样或复杂图案的表现上。现代机械技术还能够实现一些传统手工难以完成的工艺效果，如立体浮雕纹理或渐变色彩等，为织锦设计开辟了广阔的创作空间。例如，宋锦、壮锦的现代机械化生产在一定程度上保持了传统纹样的细腻感，也满足了当代市场对织锦面料的大量需求。综上，手工织锦因其独特的个性化与人文情感而被视为文化遗产的重要载体，机械织锦则在商业化与普及化上更具潜力。两者在现代服饰设计中可以实现有机结合，既保留了传统工艺的文化精髓，又借助机械技术实现了创新性突破，推动了织锦工艺在现代社会的可持续发展。

第二节

织锦工艺在现代服饰制作中的应用案例——以黎族织锦为例

一、黎族织锦工艺概述

（一）黎族织锦工艺特色及分类

黎族织锦工艺以悠久的历史与独特的技术成为中国纺织文化中的关键组成部分，其特点在于复杂精细的工艺流程与丰富多样的分类体系。黎锦织造技艺经过历史的沉淀发展，形成了完整的纺织体系，主要包含纺、染、织、绣四大核心工艺。"织"作为最核心的工艺环节，是黎锦工艺的精髓，通常依靠原始的腰机完成，这种织机因无须固定机架，采用席地而织的方式，故又被称为"踞腰织机"。不同的黎族方言地区形成了多样化的织锦种类和技法分类，如美孚方言区的双面纹样织造技艺被称为"双面织"，在其他地区则被称为"挖花织"；保亭赛方言区将"浮纹提花"称作"双面织"。根据织锦纹样在布面上显示的不同特点，又可分为正面织、反面织；依据纬线的组织状态，可区分为通经通纬与通经断纬。从技术分类角度看，黎锦织造主要分为纬线显花和经线显花两大类别。纬线显花技艺中包括单面织、双面织、反面织，这些技艺在纹样结构与色彩表现上展现着不同的织造效果。经线显花因纹样类型的不同而细分为绗染织、提央织、经线提花、浮纹提花、斜纹提花等，其中"绗染织"作为一种由美孚方言区独创的先染后织技艺，具有极高的文化与艺术价值。黎锦织锦工艺中的纹样不仅结构严谨，还注重图案的正反面一致性，这是黎族织锦工艺的显著特色。这些分类与工艺手法的多样化，使黎锦工艺兼具技术性与艺术性，是黎族传统文化的关键载体。

（二）黎锦织造原理及工艺流程

黎锦的织造原理及工艺流程是传统工艺体系的核心，结合了独特的经纬线排列方式与复杂的手工技艺，充分体现了黎族织锦的独特性与精湛技艺。黎锦织造主要包括纬线显花和经线显花两大类别，每一种都包含整套细致入微的工艺流程。纬线显花是黎锦织造中最常见的工艺，织造时通过调整经线的分层比例与纬线的交织方式实现图案显花。在操作中，先将经线分为上下两层，形成"一上一下"的基本分层，并在其间织入一纬平纹，通过"一上五下"等提花规律在特定经线间织入显花纬线，而未显花的纬线穿插于经线其他层次中。这样的操作形成了黎锦特有的"花地互映"组织效果，使正面显花清晰，背面保持平纹交织。经线显花的织造原理更为复杂，主要包括"绗染织""提央织"、提花、斜纹提花等多种细化技法。以"绗染织"为例，这种技法要求先对经线进行扎染处理以形成预设纹样，并通过上下经线的分层切换在织造过程中显现图案。经线显花纹样更为抽象与几何化，适合表现简洁且充满节奏感的图案设计。无论纬线显花还是经线显花，工艺流程都包括上机操作与织造操作两个环节。上机操作时，织工需要将经线按照设计好的意匠图排列到织机上，并调整经线的松紧程度以确保织物张力的均匀性；织造操作是实际进行纹样挑花的过程，需织工通过脚踏腰机、挑花针等工具，按照图案的结构要求逐行完成织造。在工艺细节上，黎锦织造需遵循严格的挑花规律。通过"错格编排"技术优化织造过程，使纬线显花时前后两纬形成1/2错位关系，既可增强图案的立体感，也方便纹样记忆与织造精度。以杞方言区"大力神纹"为例，该工艺通过甲纬和乙纬交替显花，使正面图案复杂且层次丰富，背面则以平纹体现整体简约。黎锦织造工艺流程不仅高度依赖织工的技艺与经验，还需借助精准的意匠图辅助，以确保纹样在织造中的高还原度与艺术表现力。这种结合传统手工艺与现代技术优化的流程，使黎锦织造在技艺传承与创新中展现出独特的文化价值与市场潜力。

二、黎锦工艺在现代服饰制作中的应用价值

（一）艺术美学价值

黎锦工艺在现代服饰制作中的艺术美学价值主要体现在独特的纹样设计、丰富的色彩表达、精湛的工艺表现上，赋予了服饰设计独一无二的艺术内涵。黎锦纹样以其丰富的几何造型与抽象化的动植物图案著称，这些纹样不仅展现着黎族人民对自然与生活的审美理解，还蕴含着深厚的文化象征意义。以"大力神纹"为代表的黎锦纹样，不仅形态抽象且极具几何美感，其对称布局和重复排列的设计方式形成了独特的装饰效果，为现代服饰增添了强烈的艺术感染力。黎锦的纹样设计通过显花与反花的组织形式，实现图案的正反面交替，使服饰更具立体感、层次感。黎锦的色彩运用体现着黎族传统文化的视觉张力与色彩调和的独特性。黎锦工艺中常见的红、黑、白、黄、蓝等高饱和度色彩在服饰上的组合呈现出鲜明的对比效果，这种原色的搭配手法既传递出一种原始质朴的美，又通过色彩的强烈对比为服饰设计注入了视觉冲击力、现代感。在多纬显花技法中，通过不同纬线的交替显色，可使纹样在色彩变化中更加灵动自然，为服饰带来了独特的艺术表现力。黎锦工艺中融合着手工技艺的精细与自然材料的朴实，使其在服饰设计中成为体现高端品质的标志。通过原始腰机的手工织造，黎锦面料具有独特的质感，组织紧密、纹理清晰，纹样在显现时具有鲜明的立体效果。这种面料质地上的精细与肌理美在现代服饰中适合作为高端礼服、定制服装的核心材料，使设计作品兼具文化底蕴与精致美感。黎锦的工艺美也体现在其独特的制作方式，传递出"慢时尚"的理念，将

传统织造与现代服饰结合，不仅符合现代消费者对个性化与艺术化服饰的需求，也能通过对黎锦工艺的再设计与应用，提升服饰的文化艺术品位，展现出深厚的民族文化底蕴。

（二）社会文化价值

黎锦工艺在现代服饰制作中的社会文化价值主要体现在其对民族文化传承、传统技艺保护、文化认同感提升等方面的独特贡献。黎锦作为黎族传统文化的关键组成部分，不仅是技艺的延续，也是黎族人民生活方式、社会结构、信仰体系的文化表达。通过将黎锦工艺融入现代服饰设计，不仅能使传统技艺得以广泛传播，还能通过服饰直观的媒介，让更多的人了解并认可黎族的文化特色。这种跨越历史与地域的文化传递，不仅可增强民族文化的认同感，也为当代社会提供了珍视多元文化的生动案例。黎锦工艺的社会文化价值还体现在非物质文化遗产保护与传承的具体实践中。随着现代化进程的加快，部分传统工艺正逐渐面临失传的危机，黎锦作为中国非物质文化遗产，通过与现代服饰制作的结合，成功实现了传统工艺与当代社会需求的对接。设计师通过对黎锦纹样和工艺的现代化转化，将其运用于服饰品牌的开发与推广中，不仅提高了黎锦的经济价值，也为传统文化注入了新的生命力。通过这种市场化的传播方式，还可以吸引年轻一代对传统文化的兴趣，培养传承人，从而使黎锦工艺在现代社会中得以持续发展。黎锦工艺还在国际化的语境下展现着中国少数民族文化的独特性。黎锦的图案、工艺、色彩作为具有鲜明地域特色的文化符号，在国际时尚领域的展示中，可成为表达民族文化自信的重要媒介。这种文化的输出与交流，不仅促进了不同文化间的相互理解，还通过传统与现代的结合增强了中国传统文化的软实力。黎锦工艺通过服饰的形式被赋予新文化内涵，实现了文化在不同领域、不同群体间的传播与共享，充分体现了其在当代社会中不可替代的文化价值。

（三）市场经济价值

黎锦工艺在现代服饰制作中的市场经济价值主要体现在文化附加值的

提升、品牌化发展潜力、对相关产业链的带动作用上。首先，黎锦作为中国少数民族传统工艺的代表，其独特的手工技艺与深厚的文化内涵为产品注入了高附加值。经济全球化背景下，消费者对带有民族文化标识与手工制作特点的产品需求日益增长，黎锦正是文化差异化产品的典范。设计师通过将黎锦的独特纹样与工艺融入现代服饰，可打造出具有文化记忆与工艺美感的时尚单品，不仅可提高产品的市场竞争力，还能满足消费者对独特性和高品质的追求。其次，黎锦工艺的现代化应用为民族文化品牌化发展提供了新机遇。在现代市场中，以文化为核心价值的品牌发展潜力巨大。以黎锦工艺为核心开发的服饰产品，通过讲述文化故事、展示工艺传承、融合现代设计语言，可以形成独具特色的品牌形象。这种品牌化不仅有助于提升黎锦工艺的知名度，还能在市场中占据独特的文化消费定位，提高民族品牌在国内外市场中的竞争力。最后，黎锦工艺还能带动相关产业链的发展，推动地方经济增长。以黎锦为核心的现代服饰设计，不仅促进着纺织、服装制造等传统产业的发展，还能带动文化旅游、艺术教育、非遗体验经济的拓展。例如，通过黎锦工艺的传承培训，可以培养新一代技艺传承人；通过打造以黎锦为主题的文旅项目，吸引更多游客前往海南等黎锦发源地，以此来激活当地经济。

三、黎锦工艺在现代服饰制作中的具体应用

（一）黎锦工艺元素的现代化设计转化

黎锦工艺元素的现代化设计转化是将传统手工艺的文化内涵与现代服饰设计理念相结合，通过创新手法赋予传统技艺新的生命力。在现代服饰制作设计中，首先，设计师可以对黎锦的传统纹样进行简化与重组，提取其核心图案元素，如大力神纹、龙纹等，将复杂的几何结构转化为简约的现代设计语言。通过数字化绘图工具，设计师也可将传统纹样的颜色和线条重新搭配，并融合渐变色彩、几何叠加等现代设计手法，使其更符合现代消费者的审美需求。如图8-1、图8-2所示，设计师以黎族服饰平面构图元素为核心，根据点、直线、平面基础的刺绣造型元素，通过重复手法将黎锦元素融入服

饰作品中，从而表现出对称性、节奏性的独特韵律。

《黎愿》

图8-1 《黎愿》服饰作品1（来源：琼台师范学院2017级艺术设计学专业 郭星雨）

《黎愿》

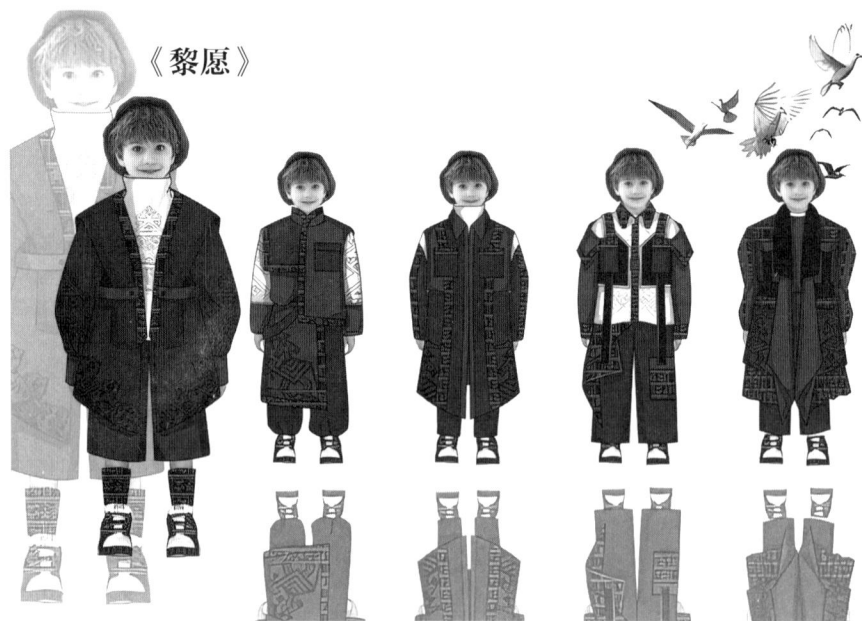

图8-2 《黎愿》服饰作品2（来源：琼台师范学院2017级艺术设计学专业 蔡杏）

其次，可以采用黎锦元素进行局部装饰，以增强服饰文化点缀性。例如，在服饰的袖口、衣领、背部等区域，通过嵌入黎锦元素实现图案的对比设计，既能保持整体服饰的简洁与和谐，又能凸显黎锦特色。再次，在材料选择上，可以结合现代环保理念，将传统黎锦纹样印制在新型环保面料上，如再生纤维、可降解材料等，以此来提高服饰的可持续性。采用热转印、刺绣等现代工艺手法，替代传统复杂的手工织造工艺，使大规模生产成为可能。现代化设计转化还可以通过跨界融合的方式，将黎锦元素与潮流服饰进行结合。例如，将黎锦图案融入牛仔外套、运动鞋、连帽卫衣等年轻化单品中，通过对纹样进行现代化表达，以吸引更多年轻消费者的关注。最后，在色彩运用方面，黎族服饰常采用高亮度和低亮度的互补对比色搭配，例如，黑色或普兰色底布与大红、朱红、橘红、玫瑰红、柠檬黄、草绿、湖蓝、紫罗兰、白色等色彩相互搭配。这种搭配具有高度审美度，赋予服饰清晰和活跃的感觉。这种强烈的色彩对比与近年来强调视觉冲击的时尚潮流相一致。例如，黑色上衣搭配五颜六色的花纹筒裙，产生了强烈的视觉效果。现代化设计可以根据市场需求调整色彩方案，从而增强服饰的时尚感，设计师可以利用多层次染色技术，使黎锦图案呈现出丰富的色彩渐变效果，从而增强视觉冲击力。如图8-3、图8-4所示，通过色彩、材质与图案的多重转化，黎锦工艺可以更加自然地融入现代服饰设计之中，实现传统文化与现代时尚的完美结合，为服饰产品赋予更多文化价值和市场吸引力。

图8-3 《黎乡忆》作品（来源：琼台师范学院2017级艺术设计学专业　王文静）

《黎·幽》

图8-4 《黎·幽》作品（来源：琼台师范学院2017级艺术设计学专业 王珊珊）

（二）黎锦传统纹样在服饰品牌中的文化表达

黎锦传统纹样在服饰品牌中的文化表达可通过符号化提炼、创意化设计、品牌化推广三大策略，将黎锦传统文化符号融入现代时尚语境，可赋予其独特的品牌文化内涵。在设计实践中，首先，设计师需要对黎锦传统纹样进行符号化提炼，选取大力神纹、几何云纹等具有高辨识度与文化象征意义的纹样，通过现代设计工具将其简化为具有高识别度的图形符号，以确保其保留黎锦的民族特质。例如，将复杂的纹样元素分解为基础几何图形，如三角形、菱形、波浪形等，以便广泛地适配不同类型的服饰设计。其次，在创意化设计中，可以将黎锦传统纹样作为品牌的视觉核心元素，通过数码印花、刺绣、热转印等现代工艺，将纹样应用到服饰的局部装饰与整体设计中。例如，在品牌高级系列中，将黎锦传统纹样运用到礼服裙摆的设计中，通过错落有致的纹样排布增强层次感；在基础系列中，可以在牛仔夹克、运动裤、T恤的边缘嵌入简化的纹样装饰，既凸显文化特色又保持简约现代的审美。再次，为强化黎锦传统纹样在品牌中的表达，设计师可以将黎锦传统纹样融入品牌标志、包装设计、品牌宣传素材中。例如，在品牌的 Logo 设计中，可结合黎锦的几何纹样和品牌名称，设计兼具文化韵味与现代感的标志，以此来确保品牌的视觉形象与黎锦文化紧密关联。在包装设计层面，可以选择环保材质并印制简化的黎锦传统纹样，从而强化品牌的文化调性与可持续发展理念。通过结合数字化传播手段，可设计出基于黎锦传统纹样的动态视觉效果，用于品牌的广告视频、社交媒体宣传，从而增强消费者对黎锦文化的感知。最后，在品牌推广过程中，还可以通过文化叙事的方式，赋予黎锦传统纹样更多的文化意义。例如，在品牌服饰发布会中，可通过加入动态展示，将传统黎锦织造工艺与现代服饰的设计结合，向观众传递黎锦所承载的文化价值与工匠精神。品牌方还可以与黎锦非遗传承人合作，推出限量联名款，强调品牌对于文化保护与传承的责任感。通过在服饰产品、品牌视觉、文化叙事中的全方位文化表达，黎锦传统纹样不仅能提升服饰品牌的文化价值，还能吸引更多消费者的关注，建立品牌独特的市场定位与文化影响力。

（三）黎锦工艺与新型材料的融合创新

黎锦工艺与新型材料的融合创新可以通过选材优化、工艺嫁接、功能设计三个方向展开，实现传统工艺与现代技术的结合，以此赋予黎锦全新的设计语言与实用价值。首先，在选材优化方面，可以将传统黎锦的天然棉、麻材质与新型环保材料结合。例如，将再生纤维、植物基材料等可持续性纺织品融入黎锦的织造工艺中，不仅能保持黎锦的传统手感与纹理特性，还能增强材料的耐用性与对环境的友好性。将具有吸湿排汗功能的高科技纤维融入黎锦经纬线中，开发适合运动服饰或户外服饰的创新产品，满足消费者对功能性与美观性的双重需求。其次，在工艺应用方面，可以采用现代技术增强黎锦工艺的表现力。例如，利用激光雕刻技术在织锦表面进行局部纹样的精细处理，将传统纹样与现代几何图案结合，创造出层次分明且极具视觉冲击力的服饰设计。通过 3D 打印技术赋予黎锦传统纹样立体效果，将平面的几何纹理转化为可触摸的立体图案，用于设计具有现代感的时尚配饰，如包袋、腰带等。可将耐热、轻量化的新材料融入黎锦工艺中，以设计适合高端市场的服饰，如具有高温隔热性能的礼服或者适合极限运动的功能性服装。最后，在功能设计方面，可结合智能纺织技术，使黎锦传统工艺不仅具有文化传承价值，还能满足现代科技需求。例如，将导电纤维与黎锦经纬线融合，用于开发具备温控功能的时尚服饰。可设计兼具黎锦传统纹样与现代智能温控技术的冬季大衣，既能传递文化特色，又能满足寒冷天气下的实用需求。将防水涂层材料与黎锦结合，设计出适用于都市生活的防水背包或雨披，既符合现代人的生活需求，又能通过独特的纹样彰显品牌个性。通过材料、工艺、功能的多维度创新，黎锦工艺与新型材料的融合能在现代服饰设计中焕发新生机，为传统文化与未来时尚搭建桥梁。

（四）市场导向下的文化传播与品牌化运营

市场导向下的文化传播与品牌化运营可以通过精准定位目标受众、打造品牌故事、拓展营销渠道、产品体验创新等方式实现黎锦工艺的现代化推广。第一，精准定位目标受众是关键，可针对高端消费群体、文创爱好者、国际市场的文化追求者，将黎锦定位为具有独特文化内涵的高端工艺品类。设计品牌标识与形象时，需结合黎锦纹样的文化符号，提炼核心价值，如"匠心工艺"或"文化传承"，需明确品牌差异化卖点，从而吸引目标消费群体。第二，打造品牌故事是文化传播的关键形式，可以围绕黎锦工艺的历史渊源、传承故事、现代创新案例，拍摄品牌宣传片或制作微纪录片，通过视觉化叙事增强品牌感染力。例如，可邀请黎锦传承人与现代设计师共同参与品牌推广活动，赋予产品深厚的文化背景，将故事延展至线下展览、快闪活动等，形成对目标市场的情感触达。第三，在营销渠道拓展方面，可利用社交媒体平台与电子商务实现文化传播的国际化。在国内，可通过短视频平台如抖音、小红书等展示黎锦服饰的日常穿搭场景，结合直播电商推广新品，增强产品的传播覆盖面。在国际市场上，可与亚马逊等跨境电商平台合作，并积极参加国际时尚展览，如巴黎时装周等，展示黎锦作为中国文化遗产在现代时尚中的价值。也可通过开设品牌官方网站，搭建多语种界面，实现全球范围内的线上线下同步传播。第四，产品体验创新能推动品牌化运营。可以设置线下体验店，结合沉浸式体验，例如，展示黎锦织造技艺的互动区域或开设手工织锦体验课程，让消费者感受黎锦的工艺过程。还可以推出限量版黎锦产品系列，如结合现代风格设计的手袋、丝巾、家居用品，配套数字化溯源技术，让消费者通过扫描二维码了解每件产品的制作工艺及文化背景，从而增强品牌的文化深度与信任感。通过精准定位、品牌故事、营销拓展、体验创新的结合，黎锦工艺能在市场导向下实现广泛传播，并实现黎锦服饰品牌化运营。

第三节

IIIIIIIIIIIIIIIIIIIIIIIIIIIIIIIIIIIIIII

织锦工艺在现代服饰设计中的创新应用策略

一、立足现代服饰流行趋势，精准挖掘传统织锦工艺元素内容

（一）分析当代服饰流行趋势，确定织锦元素的应用方向

为让传统织锦工艺在现代服饰中焕发新生，首先，设计师需充分分析全球服饰流行趋势，主要包括色彩、材质、纹样、板型的最新发展动态。设计师可以通过研究权威时尚机构发布的年度流行趋势报告［如潘通（Pantone）色彩趋势、WGSN时尚预测］，全面了解全球服饰设计中主流的风格偏向，也可结合国内市场的消费习惯，分析消费者对服饰的功能性、舒适性及审美需求。例如，年轻消费者普遍追求个性化与文化表达，这一点与织锦工艺中蕴含的民族符号与传统文化有较强的契合性。基于此，可以将织锦工艺经典几何图案与当代流行的极简主义设计相结合，运用对比色调、渐变纹样、透明叠加工艺，突出织锦元素的视觉冲击力。通

过观察国内外服饰品牌的流行产品，如印花卫衣、拼接外套等，可以为织锦在不同服饰类中的应用提供方向，如在都市休闲风格中以织锦作为装饰性点缀，或在高定礼服设计中进行大面积应用，让传统工艺符合现代流行风格。

（二）深度挖掘织锦图案的文化符号，塑造具有现代价值的设计语言

织锦工艺作为传统艺术，其纹样蕴含着深厚的文化意涵与地域特色，是民族身份的关键象征。在现代服饰设计中，需通过深入研究这些图案背后的文化内涵，将其转化为具有当代审美价值的设计语言。例如，黎锦中常见以植物纹样如花卉、藤蔓象征生命力，通过抽象化手法提取其线条与形态，将其与现代几何元素相融合，形成更加简洁、现代感强的设计风格。民族织锦中的宗教图腾或图案符号，如祈福、吉祥等主题，可以结合现代消费者对精神生活的追求，将传统织锦元素与日常服饰中的装饰性图案相结合，打造出具有故事性与情感共鸣的产品。设计者还需注意避免生硬照搬传统符号，建议通过数字化设计工具对纹样进行解构、重组和创新，将传统文化与时代特性有机融合，使其成为满足现代消费者需求的时尚符号。

（三）运用市场调研与数据分析，精准定位织锦工艺的现代化应用

为确保织锦元素能够精准满足市场需求，设计师可运用专业的消费者调研工具进行深入分析。例如，使用问卷调查、焦点小组访谈了解不同消费群体对传统元素的接受度，以及对服饰设计的偏好。主要分析目标消费群体对传统工艺的认知度和情感态度，例如，年轻消费者更倾向于简洁化、趣味化的纹样设计，年长消费者更注重工艺本身的历史价值与文化意义。还可通过大数据分析工具，如电商平台销售数据、社交媒体热搜词，了解消费者对特定产品或风格的偏好趋势。例如，若发现具有民族特色的印花服饰在市场上有较高的点击率与转化率，可由此判断织锦元素在服饰设计中有较大的市场潜力。基于调研结果，设计师可以制定具体的设计策

略，例如，将织锦工艺与现代流行款式（如运动风、都市风）相结合，打造出既符合消费者审美，又能体现传统文化内涵的创新产品，从而实现市场与文化的双向融合。

二、围绕消费者审美需求，设计符合时代特征的织锦服饰产品

（一）深入分析不同消费群体的审美需求，精准划分目标市场

在织锦服饰的现代化设计过程中，了解目标消费群体的多样化审美需求是关键。设计师需通过市场调研和消费者行为分析工具，细分目标群体，明确其对服饰的审美偏好、功能需求、心理期望。例如，对18~25岁的年轻消费者，可在设计中加入大胆的配色与解构主义的服装剪裁，赋予织锦元素更多年轻化表达方式，打造更倾向于追求时尚与个性化的设计；对中年消费群体，需注重织锦工艺的传统美感和品质感，通过经典纹样与高端面料的结合，打造稳重而不失时尚的设计。在设计实践中，可以利用社交媒体大数据分析工具（如小红书、抖音等热门话题分析）了解年轻消费者对新兴时尚风格的接受程度，结合电商平台热销商品数据，确定织锦服饰的核心设计方向。并根据调研结果，精准划分产品定位，例如，推出主打青春时尚的织锦街头服饰系列和突出民族文化气息的商务休闲系列，以此来实现消费群体的全覆盖。

（二）创新织锦工艺的表达形式，与现代设计语言深度融合

为让织锦工艺与现代服饰设计相匹配，需对传统元素进行创造性转化，融入符合当代审美的设计语言。例如，在织锦纹样应用上，通过数字化设计技术对传统图案进行重新解构与拼接，将复杂的传统纹样转化为简洁大方的几何形态，以契合现代极简主义的风格潮流。可以尝试在配色上打破传统的对比强烈色调，采用更为低饱和度的莫兰迪色系或渐变色彩，

使织锦服饰更具现代质感。在板型设计上，可结合流行的宽松廓型或多层次结构，打造兼具时尚与实用的服饰。例如，将织锦纹样以局部点缀形式融入袖口、领口、下摆，既可保持传统工艺的核心特色，又可通过低调而精致设计吸引更多消费者。此外，还可引入异材质拼接设计，将织锦工艺与新型科技面料结合，如可回收环保材料、防水透气材料等，使产品兼具美观与功能性，从而满足现代消费者的多样化需求。

（三）借助沉浸式体验与多元传播渠道，提升织锦服饰的市场吸引力

为充分满足消费者的审美需求并提升织锦服饰市场接受度，需注重产品背后的文化故事与价值传递。通过线下沉浸式体验活动，如织锦工艺展览、传统文化体验沙龙等，让消费者在互动中感受织锦服饰的独特魅力。在服饰的设计宣传中，可采用讲故事的方式，例如，为每款产品赋予与传统文化相关的情感主题或象征意义，通过社交媒体短视频、直播等形式吸引消费者的关注。在电商平台上，可以运用AR试衣技术，让消费者在线上更直观地感受织锦服饰的搭配效果。此外，与流行设计师、时尚博主合作推出联名系列，借助关键意见领袖（KOL）的影响力，将织锦服饰塑造为时尚潮流的代表。在国际市场推广中，可以结合跨文化设计思维，将传统织锦元素与海外市场流行的时尚元素相结合，通过多元传播渠道，如国际时装周或艺术展览，提升织锦服饰在全球范围内的影响力与认可度。

三、借助跨界合作模式，推动织锦工艺与多领域设计的融合创新

（一）搭建跨界合作平台，将织锦工艺融入现代服饰与高端时尚

跨界合作是推动织锦工艺与现代设计融合的关键方式。在服饰设计领域，可以通过与国内外高端服装品牌、独立设计师、时尚机构的合作，充

分发挥织锦工艺的文化优势与品牌方的市场资源。例如，与高端时装品牌联手推出限量款系列，将织锦图案融入国际潮流的服饰设计中，通过结合当下流行的廓型、材质与色彩，让传统工艺焕发时尚活力。可以与独立设计师合作，通过定制化的设计创意，打造个性化、高辨识度的织锦服饰产品。此外，还可以探索与高端配饰品牌的跨界合作，将织锦工艺应用于包袋、鞋履、丝巾等产品中，延伸其市场应用领域。为让跨界合作更具实效，可以搭建织锦工艺与时尚设计的合作平台，通过举办文化创意大赛、设计师沙龙、行业交流会等，吸引更多设计力量参与织锦工艺的创新设计，实现传统工艺与现代时尚的深度结合。

（二）引入家居设计与文创领域，拓展织锦工艺的跨界应用场景

除服饰领域，织锦工艺还可以通过跨界合作在家居设计与文化创意产业中实现创新应用。在家居设计方面，可与高端家居品牌合作，将织锦纹样融入软装设计，如沙发靠垫、窗帘、床品等，打造富有民族风情的现代家居风格。还可以与家具设计师合作，将织锦工艺作为装饰性元素融入木质或金属家具表面，赋予产品独特的艺术质感。在文创领域，可以通过与博物馆、文创品牌合作，将织锦纹样转化为文具、礼品包装、电子产品外壳设计，从而满足年轻消费者对时尚与传统文化兼具的商品需求。例如，与博物馆联手推出"织锦文化IP"系列文创商品，打造出集文化传播与实用性于一体的创意产品。通过文创与家居领域的多样化尝试，织锦工艺的市场应用场景将更加丰富，从而提高其社会价值与经济效益。

（三）借助数字技术与新媒体传播，推动跨界设计的文化传播效应

在跨界合作中，数字技术与新媒体传播是扩大织锦工艺影响力的关键工具。设计师可以利用3D建模与数字化打印技术，将传统织锦图案转化为现代设计语言，通过多样化的媒介形式展示其跨界应用的无限可能。例如，创建织锦工艺的虚拟展示馆，在线呈现其在服饰、家居、文创等多领域的创新应用，吸引消费者参与互动体验。借助增强现实、虚拟现实技术，可以开发与织锦工艺相关的互动式产品体验，如"试穿"虚拟织锦服

饰、"装饰"虚拟家居等，提升消费者沉浸式体验感。在传播方面，可以通过短视频平台、直播带货等新媒体渠道推广织锦跨界产品，通过讲述设计背后的文化故事与创意理念，激发消费者对传统工艺的兴趣。与影视、音乐、游戏领域的知名 IP 合作，将织锦元素植入场景设计或角色服饰中，借助大众文化传播效应，让织锦工艺成为流行文化的关键组成部分，从而提升其跨界合作的文化传播效应与商业价值。

四、利用数字化与智能化技术，实现织锦工艺的创新性传承与发展

（一）数字化采集与存储：构建织锦工艺的数字资源库

织锦工艺的创新传承需对传统技艺进行系统化的数字化采集与存储，以保护珍贵的工艺技术和文化遗产。首先，设计师可以运用高精度扫描仪、数字相机、图像处理技术，对织锦纹样、色彩、工艺流程、历史档案进行全面采集，从而形成涵盖图案纹样、色彩调配、编织技艺等内容的数字化资源库。资源库不仅可以作为文化传承的参考，还能为设计师提供高效的灵感来源与设计工具。其次，设计师还可以借助人工智能技术对数字化纹样进行分类、标注、优化，从而将传统纹样按照风格、文化背景、功能等进行系统整理，以便设计师快速查找与应用。例如，利用机器学习算法自动识别传统图案的重复规律与设计特性，为现代设计提供基础元素的数字化版本。最后，为保护织锦工艺的独特性与文化价值，还可以开发数字水印技术，在数字资源库中嵌入版权信息，以防止非物质文化遗产被滥用或剽窃。

（二）智能化设计辅助：推动织锦工艺与现代设计的高效融合

数字化与智能化技术应用可提高织锦工艺在现代设计中的效率。计算机辅助设计（CAD）软件可以对传统织锦纹样进行智能化优化与再设计。例如，通过智能图案生成算法，设计师可以快速尝试多种配色、形状变

形、纹样排列方式，探索传统图案与现代设计风格的最佳融合路径。也可运用虚拟试衣与3D建模技术，在数字环境中快速模拟织锦工艺在服饰中的实际应用效果，主要包括纹样的布置位置、比例及与其他材质的拼接设计，从而在生产前解决设计问题，提高设计效率。此外，人工智能技术还可以根据消费者的个性化需求，提供织锦服饰的定制化设计方案。例如，通过收集消费者的喜好数据与穿搭风格，人工智能工具可以生成个性化织锦设计样稿，实现传统工艺与个性化需求的精准匹配。

（三）智能化生产与营销：实现织锦工艺的规模化传承与推广

在生产环节，智能化技术可以提升织锦工艺的生产效率与质量稳定性。采用智能织机结合机器人技术，将传统手工编织过程部分自动化，使复杂的织锦图案得以在高精度设备中快速复制。通过工业互联网与生产管理系统结合，可以实时监测、调整生产过程中的各项参数，确保每件产品的品质都能达到工艺标准。为让织锦工艺更好地适应现代市场需求，还可以将大数据分析应用于营销环节。例如，通过社交媒体与电商平台的消费数据，精准分析消费者对织锦服饰的偏好趋势，从而制定针对性的产品开发与推广策略。此外，智能化技术还可以推动织锦工艺在国际市场上的传播，如利用区块链技术构建织锦工艺的产品溯源系统，将产品文化价值与生产过程透明化，以增强国际消费者对织锦工艺的认可度。通过智能化生产与营销，织锦工艺的文化内涵和市场价值将得到全面提升，实现创新性传承与长远发展。

五、强化文化价值传播，提升织锦工艺在现代服饰市场的认知度

（一）挖掘织锦工艺的文化内涵，讲好具有情感共鸣的品牌故事

织锦工艺不仅是一种传统技艺，也承载着丰富的文化历史与民族情

结。在现代服饰市场中，品牌传播要以文化为核心，通过讲故事的方式将织锦工艺的独特价值传递给消费者。设计师可对织锦的历史起源、图案寓意、制作技艺进行系统化研究，提炼出能与现代消费者产生情感共鸣的文化主题。例如，以"传承千年的艺术""民族文化的时尚演绎"为品牌核心价值，赋予每款织锦产品独特的文化背景与情感表达。在品牌传播中，可以通过短视频、微电影、展览等多种形式，生动呈现织锦工艺的文化价值与传承故事。例如，拍摄以织锦匠人为主角的纪录片，讲述手工艺人背后的坚守与匠心，以此打动消费者的情感共鸣。此外，还可以打造品牌标志性的"文化IP"，将织锦中的经典图案与品牌标识结合，形成具有高辨识度的视觉符号，从而提升消费者对织锦工艺的认知与认可。

（二）利用多元传播渠道，扩大织锦工艺在年轻消费者中的影响力

为让织锦工艺被更多年轻消费者喜爱，需充分利用当下流行的新媒体传播渠道与互动方式。社交媒体平台是连接品牌与消费者的关键桥梁，可以通过抖音、微博、小红书等平台，发布以织锦为主题的时尚搭配指南、制作工艺展示、幕后故事短视频，以直观、生动的形式传播织锦文化。也可以结合热点话题策划创意营销活动，例如，通过织锦新潮流等社交媒体挑战赛，邀请消费者分享织锦服饰的穿搭风格，增强互动性与参与感。此外，与时尚博主、KOL合作，通过种草视频、直播推荐等方式来扩大织锦工艺的传播范围。在传统媒体方面，可以通过高端时尚杂志、线下展览、电视广告等，强化品牌专业性与文化深度，从而吸引更多关注。多元化传播渠道不仅能提升织锦工艺的市场认知度，还能扩大其受众范围，使其成为年轻一代追捧的文化符号。

（三）融合国际化视角，推动织锦工艺的全球传播与文化输出

基于经济全球化背景，提升织锦工艺市场认知度需积极拓展国际化传播渠道，将其作为中国传统文化的名片推广至国际市场。一方面，可以借助国际时装周、文化博览会等平台，通过国际知名设计师与织锦品牌的跨

界合作，推出融合中国传统织锦与国际流行元素的高端服饰系列，向全球展示织锦工艺的独特魅力。另一方面，还可与国际博物馆、艺术机构合作举办织锦主题展览，讲述其背后的文化价值与传承故事，通过文化艺术的语言与全球消费者沟通。此外，可以通过开发针对国际市场的数字化内容，如多语言官网、国际社交媒体账号及海外电商平台，将织锦工艺融入国际化传播体系中。还可以借助跨文化的联名合作，例如，与国际知名IP（如影视、动漫等）联合推出织锦主题产品，从而创造出符合海外消费者喜好的形式推广织锦文化。通过整合国际化资源与传播手段，织锦工艺不仅能提升全球市场的认知度，还能成为促进中国传统文化走向世界的关键载体。

第九章

陶瓷工艺在现代服饰设计中的应用

第一节

陶瓷工艺概念及特点

一、陶瓷工艺起源与历史发展

陶瓷工艺作为人类文明的重要创造，起源于远古时期的实用器物制作，随着社会的进步与文化的发展逐渐演变为具有高度艺术价值的表现形式。陶瓷历史可以追溯到新石器时代，当时人类通过对黏土的发现与利用，结合火的控制技术，创造出最早的陶器，标志着人类对自然资源的深度利用与技术发展的开始。在中国，陶瓷发展形成了独特的文化符号，被誉为"瓷器之国"。中国陶瓷工艺起步于距今约一万年的新石器时代，此后历经原始瓷器、青瓷、白瓷等多个发展阶段，在唐宋时期达到鼎盛，以景德镇制瓷技艺闻名于世。陶瓷工艺核心特点是以天然黏土为基础，通过高温烧制形成具有独特质感的材料，工艺流程主要包括拉坯、施釉、烧制等多个环节，强调技术精湛性与艺术的创造性。在历史发展中，陶瓷工艺不仅可以满足人们日常生活的实用需求，也逐渐承载了中华民族审美、文化、身份象征的功能。例如，宋代的青瓷以素雅的釉色与简洁的造型体现出"天人合一"的哲学思想，明清时期的彩瓷则通过繁复的装饰与鲜明的色彩彰显皇室的威严与权力。陶瓷工艺的历史发展还深受国际交流的影响，在丝绸之路的贸易中，中国瓷器作为重要商品远销欧洲和中东，对世界陶瓷工艺的发展产生了深远影响。现代陶瓷工艺在继承传统技艺的基础上，不断融入当代设计理念与高科技手段，从实用器物扩展到建筑、雕塑、服饰等领域，展现出广阔的艺术表达空间。陶瓷工艺起源于人类对自然的探索，发展历程既能反映技术的进步，也能彰显人类对美的追求与文化的传承。

二、陶瓷工艺的材料特性与制作工艺

（一）陶瓷工艺的材料特性

陶瓷工艺的材料特性是其在设计与应用中独具魅力的关键所在，也是陶瓷成为艺术与实用融合体的基础。陶瓷材料主要由天然黏土和矿物质组成，经过高温烧制后形成具有优异物理、化学、美学特性的固体材料。这种材料特性主要包括高硬度、耐磨性、耐高温性、化学稳定性。陶瓷材料的高硬度和强度使其具有极强的抗压能力，能在长时间使用中保持良好的形态与性能，陶瓷特性在建筑、器皿、装饰领域得到了应用。陶瓷耐磨性使其在易损环境中展现出了卓越的耐用性，成为机械部件、刀具等工业领域的关键材料。陶瓷材料能够承受高温，熔点通常在1000~1600℃之间，该特性不仅赋予了其作为耐火材料的潜力，也使其在高温环境中的装饰与实用设计成为可能。化学稳定性是陶瓷工艺材料的重要特性，能抵抗大多数酸、碱等化学物质的侵蚀，使陶瓷器物能在化学反应活跃的环境中保持稳定的物理性质与外观。由于陶瓷材料具有良好的绝缘性与低导热性，所以在现代电子技术中被广泛应用于绝缘体和散热器设计中。陶瓷材料独特的光泽与质感源于烧制过程中形成的细致微观结构以及施釉后的表面处理。通过釉料的调配与不同温度下的烧制，可以实现丰富的色彩和纹理效果，为陶瓷工艺的艺术设计提供了广阔的创作空间。陶瓷材料以优异的物理性能与独特的美学特性在现代设计中占据着重要地位，为陶瓷工艺在服饰、建筑、艺术领域的多样化应用奠定了基础。

（二）陶瓷工艺的制作工艺

陶瓷工艺的制作工艺是其实现功能性与艺术性完美结合的核心，流程严谨而复杂，涵盖了从材料准备到成品烧制的多个环节。首先，原材料选择和处理是陶瓷制作的基础。优质的天然黏土与矿物原料须经过清洗、筛选、研磨等步骤，去除杂质并确保颗粒的细腻程度，以保证成品的均匀性和结构稳定性。在原料制备完成后，通过加水搅拌形成具有良好塑性的陶土，为成型工艺提供必要的基础。在成型过程中，常用方法主要包括手工拉坯、注浆成型、模具压制、挤压成型等。手工拉坯以灵活性与高度的个性化设计广泛应用于艺术陶瓷领域，而注浆成型、模具压制更适合工业化批量生产，能实现复杂形状与高精度的制品。在成型完成后，坯体需要经过自然干燥或人工干燥，以去除多余水分，防止在后续烧制过程中因含水量过大而出现开裂或变形问题。干燥后的坯体将进入烧制阶段，烧制通常分为素烧与釉烧两个阶段，素烧的温度一般控制在800~900℃，用以增强坯体的强度并为施釉做好准备。施釉作为陶瓷制作的关键步骤之一，通过在坯体表面覆盖一层玻璃质釉料，可以赋予陶瓷产品独特的光泽、质感、保护性功能。釉料的配方和涂覆方式直接影响最终的装饰效果与产品质量。在施釉完成后，陶瓷将进入高温釉烧阶段，温度通常在1200~1400℃，通过高温作用使釉料熔融并与坯体紧密结合，形成光滑、坚固的表面。最后，经过冷却和质量检验，成品陶瓷能完成制作并投入使用。整个制作工艺不仅体现了技术的精细化，还在每个环节中融入了设计与艺术的表达，为陶瓷工艺的多元化发展提供了坚实的技术支撑。

三、陶瓷工艺的艺术美学与文化价值

（一）陶瓷工艺的艺术美学：形式与功能的高度统一

陶瓷工艺艺术美学集中体现着形式与功能的完美结合。陶瓷制品在造型设计上追求线条的流畅性与比例的和谐，无论是简单朴素的日用器皿，还是复杂精美的艺术陶瓷，形式美感都源于匠人对自然形态的观察与抽象化处理。通过拉坯、塑型等环节，陶瓷作品呈现出圆润饱满的轮廓与稳定的结构，体现了陶瓷工艺对力学与美学的双重考量。陶瓷的釉面设计丰富了其艺术表达的多样性。釉料的透明性、不透明性、光泽、纹理特征在烧制过程中自然呈现，使每一件陶瓷作品都具有独特的艺术魅力。这种偶然性与人为控制的结合，是陶瓷工艺独有的美学特质。此外，陶瓷工艺还注重功能性与装饰性的统一，例如，青瓷的素雅釉色不仅可提升陶瓷工艺的视觉美感，还可赋予器皿以清新简洁的气质；彩瓷的复杂装饰则展现了设计者对图案、色彩与主题的高度创造力。通过这种形式与功能的结合，陶瓷工艺在美学层面展现出了极高的艺术价值。

（二）陶瓷工艺的色彩语言与文化象征

陶瓷工艺的艺术美学不仅体现在造型和釉面的表现，还蕴含着丰富的色彩语言与文化象征意义。陶瓷的釉色选择和搭配承载着特定的情感表达与文化内涵。例如，中国青瓷的青绿色釉色以其恬静淡雅的质感象征着自然与生命的和谐，这种色彩语言不仅符合东方美学中"天人合一"的哲学思想，也是中国文化的重要符号。明清时期的彩瓷以丰富多彩的釉色和纹样，传递着对繁荣与富贵的追求，特别是以赤、黄、蓝、绿、紫为主的"五彩瓷"，在色彩语言中融入了儒家思想与皇权象征。陶瓷工艺在色彩表现上通过釉料的化学反应和高温烧制技术，实现了自然色调与人造色彩的完美结合。这种色彩语言不仅可以提升陶瓷的视觉美感，还能使其成为传递文化信息的媒介。因此，陶瓷的色彩语言不仅是视觉上的享受，也是文化认知与历史传承的关键载体。

（三）陶瓷工艺的纹样设计与文化叙事

陶瓷工艺的艺术美学在纹样设计上表现出极高的创造性与叙事性，图案装饰不仅是视觉艺术的重要组成部分，也是文化表达的关键形式。在中国传统陶瓷中，纹样设计大多以自然元素、神话传说、宗教符号为主题，通过复杂而精美的图案传递特定的文化内涵。例如，龙凤纹样作为皇家瓷器的经典装饰，象征着权力与尊贵，莲花纹常用于宗教器皿中，寓意纯洁与超然。明清时期的景德镇瓷器在装饰上融入了更加多元化的题材，如花鸟、山水、人物故事等，通过精细的手绘技法将传统绘画艺术融入陶瓷装饰中，为瓷器增添了叙事性与观赏性。现代陶瓷艺术在纹样设计上更加注重抽象与象征，通过简化传统图案的形式与内容，结合现代设计语言，为陶瓷工艺注入新的美学表达。陶瓷纹样不仅是装饰技艺的体现，也是文化叙事的载体，通过图案的创作与传承，陶瓷工艺在历史、艺术与文化之间架起了桥梁。

（四）陶瓷工艺的文化价值与时代意义

陶瓷工艺作为传统文化的关键组成部分，文化价值不仅体现在艺术层面，还在社会与历史层面具有深远影响。作为中华文明的关键象征，陶瓷在中国古代不仅是实用器物，也是文化传播与对外交流的关键媒介。例如，丝绸之路上的瓷器贸易促进了中西方文化的交流，使中国陶瓷成为世界范围内的文化符号。在现代，陶瓷工艺通过与当代设计理念的结合，展现出与时俱进的创新能力，为传统文化传承与发展注入了新活力。例如，陶瓷工艺在建筑、服饰、家居等领域的跨界应用，不仅扩大了其艺术表现空间，也赋予其更广泛的市场价值。陶瓷工艺在可持续发展背景下的创新探索，如生态陶瓷研发与推广，为传统工艺的现代化转型提供了新思路。在大力弘扬中华优秀传统文化的背景下，陶瓷工艺作为非物质文化遗产，通过博物馆展览、教育推广、国际文化交流等形式，重新焕发生命力，成为连接传统与现代、区域与全球的重要文化桥梁。陶瓷工艺的文化价值不仅在于其艺术成就，更在于其传递的民族精神和时代意义，是传统文化在现代社会中的关键表达方式。

第二节

陶瓷工艺在现代服饰设计中的应用案例——以黎族制陶工艺为例

一、黎族制陶工艺概述

（一）黎族制陶工艺起源与发展

黎族制陶工艺历史悠久，是我国陶瓷文化的重要组成部分，起源可以追溯至新石器时代。从考古学角度来看，海南岛的黎族制陶工艺至少已有六千年的历史。考古学家曾在三亚、陵水一带发现带有拍印几何印纹的陶器，这些文物表明黎族的制陶技术可能与史前制陶工艺相承接，并以独特的形式在海南地区得以延续与发展。在黎族制陶历史脉络上，文献中也有多处记载。东汉以后的史书已开始记录黎族祖先在海南岛的活动及制陶工艺的存在，宋朝《诸蕃志》中提到黎族"以土为釜，瓠为器"，说明当时的黎族制陶工艺已成为日常生活的组成部分；元代马端临的《文献通考》记载黎族人"陶土为釜"，清代顾炎武《天下郡国利病书》也有描述，展现出黎陶技艺传承有序、世代相继的特点。从考古发现与文献记录来看，黎族制陶工艺不仅历史悠久，还在长期发展中形成了鲜明的民族特色。近代研究证实了黎族陶器的多样性与独特性。例如，德国人类学家汉斯·史图博（Hans Stubel）曾在《海南岛的黎族》中描述，黎族人常用灰黑色的黏土制作陶器，主要包括酒瓮、壶、砂锅、盘子等，这些陶器的形态多为实用性强的日常器皿。东汉时期的黎族陶器造型较为单一且装饰性不强，但其原始而淳朴的风格凸显了早期陶器的基本功能性。随着技术进步与社会发展，黎族制陶工艺逐渐在不同方言区域中传承与创新，主要包括哈方言、润方言、赛方言、美孚方言地区，其地域特色也随之显现。黎族制陶技艺被誉为"指尖上的活化石"，不仅是海南地区的重要非物质文化遗产，也是中国陶瓷文化的重要组成部分，彰显着黎族人民在长期历史进程中对自然资源的利用与文化创造力。

（二）黎族原始制陶的基本工序

黎族原始制陶的基本工序以独特性与传承性成为中国传统制陶工艺的关键代表，整个制作流程体现了手工技艺的高度娴熟与自然环境的紧密结合。一是选土环节，选土环节是整个制陶工艺的基础，黎族制陶主要使用富含黏性的灰黑色黏土，选土时注重土质的纯净性和黏性。选取适合制陶的黏土后，需经过敲碎、筛选、加水、揉捏等步骤进行处理，以去除杂质并使其更加柔韧，成为便于塑形的陶土坯料。接着进入成型环节，黎族原始制陶采用手工捏制的方式，不使用陶轮等工具。制陶匠人通过手工直接塑形，捏制出器物的基本形态。为保证陶器的厚度均匀，提高其实用性，器物成型后会用工具进行轻拍定型，部分区域会采用拍印或压印几何纹饰的方式进行装饰，这一环节也是体现黎族制陶艺术风格的关键环节。定型完成后，陶器需经过晾晒和风干，以去除多余的水分，防止后续烧制过程中因含水量过高而导致开裂或变形。风干后进行烧制，黎族传统陶器烧制多采用露天窑法，以柴火为燃料，烧制过程中温度控制极为关键，一般在800~1000℃。烧制完成后，陶器将呈现出独特的灰黑色调，并保持较高的硬度与较好的耐用性，能适应日常使用的多种需求。这种工序虽简单但高度体现着手工技艺的复杂性和文化传承的韧性，至今仍在黎族部分地区得以保存和使用，为研究中国制陶文化的起源和演化提供了宝贵的实物依据。黎族原始制陶工艺不仅是技术与自然的结合，也包含着黎族人民在长期生活实践中积累的智慧与文化内涵，充分展现手工制陶在满足实用需求的同时，通过工序和细节表达出的独特艺术价值。

（三）黎族陶器的坯料制备工艺——干法制土

黎族陶器（简称"黎陶"）的坯料制备工艺以干法制土为主要特点，这种方法因简单、高效且完全依赖自然条件而被沿用至今，是黎族原始制陶工艺的关键组成部分，也造就了黎陶独特粗犷的风格。黎陶作为典型的夹砂粗陶，原料处理工艺十分简朴，仅通过晒干和粉碎过筛等步骤对就地取材的黏土进行处理，使得制成的陶器带有明显的乡土气息与粗犷的质感。原料通常采用1~2种易熔黏土，不添加熔剂和其他配料，烧制后直接呈现出陶胎本身特有的黄白、红褐等天然色泽，充分体现出黎陶器皿的自然美。坯料制备的第一步是取土。寻找合适的制陶黏土是黎族制陶工艺的关键环节，过去制陶妇女会在田地挖坑取土，但随着土地承包制的实行，田地挖土已不再允许，因而现代制陶匠人更多选择在山坡等区域寻找适宜的陶土。这种黏土通常黏性较高，质地均匀，适合干法制土的后续处理。取土完成后，便是晒土环节。制陶匠人会趁晴天将采集来的陶土迅速摊开晾晒，此环节不仅能去除多余水分，还可为后续的粉碎工作提供便利。晒干后的陶土需进行碎土处理，这是干法制土的核心环节。陶土会被倒入木臼中，用木杵反复舂捣，直到土块完全破碎并达到适当的颗粒度。土颗粒粉碎得越细，其可塑性就越高，有助于提升陶坯的整体质量。制陶匠人还会筛去杂质，确保陶土的纯净性、均匀性。碎土完成后，下一步是和泥。制陶匠人会根据经验将适量的水与陶土混合，直至泥团具有良好的可塑性。黎族制陶的和泥工艺完全依赖手工操作，这种方法被称为"打土"，因手工舂捣的陶土黏性优于机械制土，泥料富有独特的"土味"，甚至在日本和韩国的陶艺界仍被采用。和泥完成后，进入陈腐阶段，这是坯料制备的关键环节。混合好的陶泥会被放置在不透光、不通风的环境中，以保持适宜的温度、湿度，通常会使用芭蕉叶或塑料布包裹起来，存放几天以使泥料内部充分发生氧化和水解反应，以此来提高可塑性。当发现泥料仍不足够柔韧时，使用前还会用木杵再次舂捣。陈腐不仅有助于泥料的塑性提升，也能改善其后续成型和烧制的表现。每次制作陶器剩下的陶泥都会被回收并继续陈腐，用于后续制作，充分体现了黎族制陶工艺的环保理念与资源节约意识。整个干法制土工艺以最简约的方式完成了从原料到坯料的转变，为黎族陶器的成型与烧制奠定了基础。

二、黎族制陶工艺在现代服饰设计中的应用价值

（一）有利于丰富现代服饰设计的材料创新

黎族制陶工艺在现代服饰设计中展现了丰富的材料创新潜力，为服饰设计注入了独特的艺术表现力与质感。作为一种夹砂粗陶，黎族陶器以独特的天然质地、色泽、纹理，为服饰设计提供了区别于传统布料或常见装饰材质的全新选择。首先，黎族制陶的材质特性具有独特的美学表现力，其天然的黄白色、红褐色等陶胎色泽，以及烧制过程中形成的自然纹理与斑驳痕迹，能为服饰设计带来极具特色的手工感和原始美，在强调自然与传统文化的现代设计中，这种风格能充分满足消费者对个性化和艺术化服饰的追求。其次，黎族陶器的材质也为服饰设计在功能性上提供了新可能性。陶器的耐磨性、耐高温性、坚固性，使其在服饰的结构性设计中发挥关键作用。例如，可将陶器元素运用于服饰的扣饰、纽扣、配件等部位，不仅可增强服饰的装饰效果，还能提升其耐用性、实用性。最后，黎族制陶工艺的原始手工特性赋予了材料独特的肌理效果，这种肌理感可以通过

科技手段如3D打印或数字化复制应用于服饰材料的开发中，实现传统工艺与现代技术的融合，从而扩大服饰设计的创新空间。黎族制陶工艺所代表的传统文化价值，为现代服饰设计提供了丰富的文化符号与情感寄托。通过将黎族陶器元素融入现代服饰设计，可以突破传统设计材料的局限性，在材质选择上创造全新的可能性，通过传统文化的融入，赋予服饰更加深刻的文化意义和历史内涵，形成独特的品牌竞争力与市场吸引力。总之，黎族制陶工艺在服饰设计中的材料创新价值，不仅体现在材质本身的独特性，还通过文化与技术的结合，成为推动现代服饰设计多样化发展的关键动力。

（二）有利于增强服饰设计的文化传承与表达

黎族制陶工艺在现代服饰设计中的应用，有利于增强服饰设计的文化传承与表达，为现代服饰注入深厚的民族文化内涵与情感价值。作为历史悠久的手工技艺，黎族制陶工艺承载了丰富的地域文化与民族记忆，独特的技法、纹样、自然气息蕴含着黎族人对自然、生活与艺术的理解。将传统工艺融入服饰设计中，能促进传统文化与当代时尚语言的结合，使服饰不仅成为穿着的工具，也是文化表达的关键媒介。首先，黎族制陶工艺中独具特色的自然纹理与手工质感，为服饰设计提供了重要的文化符号。这些纹理可以通过纹样的数字化提取与创新应用，转化为服饰面料的装饰元素，如陶器上的几何纹样、烧制后自然形成的斑驳色泽等，都能成为服饰设计中具有文化辨识度的关键符号。这种应用不仅赋予了服饰独特的视觉表现力，也使穿着者能够感受到其所蕴含的文化底蕴和艺术魅力。其次，黎族制陶工艺的艺术性与文化价值能够为服饰设计注入更多的情感表达。服饰设计师可以通过重现黎陶技艺的手工特点，如陶器的粗犷肌理、自然色调，以及制作过程中体现出的质朴之美，传递黎族人对土地、自然、手工劳动的尊重。这种文化元素能与现代消费者对"传统复兴"和"文化认同"的心理需求形成深度契合，赋予服饰更强的情感共鸣。最后，黎族制陶工艺融入还能通过服饰产品向广泛的市场传播黎族文化。在当代审美视角下，部分消费者对具有民族特色与文化意义的产品充满兴趣，黎陶元素的融入能使服饰设计在国内外市场上展现出独特的文化价值，从而促进黎族传统文化的传播与认知。

（三）有利于推动传统工艺与现代工艺的融合发展

黎族制陶工艺在现代服饰设计中的应用，有利于推动传统工艺与现代工艺的深度融合发展，为传统文化注入新活力，以此来拓展现代设计的创新边界。作为一种历史悠久的手工技艺，黎族制陶工艺以独特的制作工艺、自然质感、文化内涵，为现代设计提供了丰富的灵感来源。通过现代工艺技术的引入，不仅可以传承和保护黎族制陶文化遗产，还能实现传统技艺在设计表达和生产效率上的现代化转型，从而在当代时尚领域实现传统与现代的有机结合。

首先，现代工艺技术为黎族制陶工艺在服饰设计中的应用提供了更多的实现路径。例如，利用数字化扫描与3D建模技术，可以精确提取黎陶特有的纹理、图案、色彩特征，将其应用于服饰面料的设计与加工。通过数码印花、激光雕刻、高温压印等技术，以高效且精细的方式将黎陶元素呈现于服饰中，以此来打破传统工艺手工操作时间长、产量低的局限，实现工艺表达的多样化、规模化。其次，现代材料技术的引入可以弥补传统制陶工艺在服饰应用中的局限性。例如，传统陶器虽因重量与脆性而不适合直接作为服饰的主要材料，但通过与现代轻质高强度材料的结合，如复合材料或仿陶材质的开发，可以保留黎陶的艺术特性，从而满足服饰轻便、耐用、柔性的要求。这种跨领域的技术融合，使黎陶工艺不仅局限于艺术品领域，还能在服饰设计的实用性和舒适性方面有所突破。最后，黎族制陶工艺与现代工艺的融合发展，可以激发传统技艺的创新潜力，为其赋予新的时代意义。例如，现代设计师可以结合黎陶的制作理念，探索新材料组合或制作技法，通过当代的设计语言重新演绎黎族陶器的自然之美与文化内涵。这种结合还能加强不同文化之间的对话与交流，使黎陶工艺通过现代设计获得广泛的传播与国际化的认可。

（四）有利于提升服饰产品的独特性与市场竞争力

黎族制陶工艺在现代服饰设计中的应用，有利于提升服饰产品的独特性与市场竞争力，为品牌塑造差异化形象和满足消费者多样化需求提供了新的可能性。现代服饰市场竞争激烈，消费者对产品的审美追求与文化附加值要求不断提升，黎族制陶工艺凭借鲜明的民族特色与艺术表现力，为服饰设计增添了独一无二的文化符号和视觉效果，使产品在同质化的市场中脱颖而出。首先，黎族制陶工艺所具有的天然质感和手工制作的独特性，为服饰设计提供了高辨识度的美学元素。陶器本身呈现出的粗犷肌理、自然纹理、原始色彩，与现代服饰的精细设计形成了强烈对比，这种反差不仅强化了服饰的视觉冲击力，还为消费者提供了一种独特的审美体验。黎陶所蕴含的民族文化价值与手工艺魅力，也赋予了服饰产品更多的情感，使其能超越普通商品的功能性，成为文化与艺术的载体，从而吸引注重个性和文化认同的消费群体。其次，黎族制陶工艺在服饰中的应用能帮助品牌打造独特的市场定位，提升产品的品牌附加值。随着消费者对传统文化与可持续设计的关注日益增加，具有文化内涵的服饰产品成为市场的热点。通过将黎陶元素融入服饰设计，品牌可以传递其对传统文化传承与创新的关注，形成品牌的核心竞争力与独特标签。再次，陶器元素的限量化与手工特性也符合现代市场对高端、稀缺性产品的需求，为品牌开拓高端定制市场提供了新可能。黎族制陶工艺的融入还能为服饰产品创造更多的市场故事性与传播价值。最后，在数字化时代，消费者对产品背后的故事与文化背景充满兴趣。通过讲述黎陶工艺的起源、技法、文化意义，品牌可以与消费者建立深层次的情感链接，以此来提升产品的附加值与市场吸引力。总之，黎族制陶工艺为现代服饰设计带来了独特的文化元素与艺术价值，其在服饰中的应用不仅可提升产品的设计独特性，还能赋予品牌更强的市场竞争力与文化表达力。通过将传统技艺与现代时尚结合，品牌不仅可以满足消费者对个性化与文化附加值的追求，还能在激烈的市场竞争中形成差异化优势，推动服饰产业的创新与发展。

三、黎族制陶工艺在现代服饰设计中的创新应用

（一）陶瓷装饰艺术在现代服装设计造型中的应用

黎族制陶工艺中的陶瓷装饰艺术在现代服装设计造型中的应用，可以通过将传统陶瓷工艺的纹样、质感、结构融入服装设计的方式，打造具有

鲜明艺术性与文化符号的服饰作品。首先，可以利用数字化提取技术将黎族陶器独特的纹理和色彩应用于服装面料设计。通过高分辨率扫描技术采集陶器表面的几何纹样、烧制斑点、肌理效果，运用数码印花技术将其直接呈现在服装面料上，从而形成具有陶器风格的视觉效果。这种方式既能保留陶瓷艺术的自然美感，又能适应服装的柔性需求，是传统与现代工艺结合的典型体现。意大利时装设计师 Karisia Paponi 为中国香港歌手的《空港》专辑封面设计的陶瓷概念连衣裙，就是将服装与陶瓷艺术相融合，使整套服装犹如典雅的白瓷。设计师以干练的线条勾勒出轮廓，呈现出一种东方美的韵味。织物的质感得到精心控制，不仅让人感受到白瓷的纯洁和朴素，还唤起了对生活的想象力。这个系列的独特之处在于，它将中国传统的白瓷造型与西方的结构设计完美融合，突出了白瓷的典雅和质感。设计师还通过立体浮雕的方式展现了白瓷的图案，这个巧妙之处在于，它传达了白瓷的朴素质感，为整个作品增色不少。另外，将白色假肢融入其中，丰富了整个系列的搭配，赋予了作品更多的艺术性和创新性。

其次，设计师可以通过 3D 打印技术与复合材料工艺，利用陶器的形态与结构特性设计服饰的装饰配件。以黎陶中常见的花瓶、酒器、几何纹样为灵感，设计出微型的陶瓷配件，如胸针、纽扣、腰饰、肩部装饰，这些配件可以直接拼接或镶嵌到服装上，不仅能提升服装的整体质感，还能赋予其独特的艺术表现力。

再次，为降低陶瓷材料的重量和脆性，可以选择以仿陶材质或陶瓷复合材料进行制作，从而保证服装的舒适性和实用性。还可以将黎族陶器烧制过程中的不规则纹理与自然裂痕作为设计灵感，通过服饰的剪裁和拼接工艺表现陶瓷的裂痕美感。例如，在服装的局部设计中可使用渐变色块或不规则缝合的面料，模拟陶瓷裂纹的视觉效果，这种设计能在服装造型上展现出艺术化的表达。

最后，设计师可将黎陶的几何纹样作为服装廓型设计的灵感来源。可根据陶器的圆形、椭圆形、锥形造型设计宽松的外套或裙装廓型，并将陶器的对称性与结构感通过服装的线条与分割展现出来，使服装整体呈现出简约又富有韵律感的美学效果。陶瓷装饰艺术还可以在舞台服装或高定时装中进行大面积应用。例如，在礼服或外套的肩部、胸前、裙摆设计中，通过陶瓷装饰片或仿陶质感的刺绣纹样强化视觉张力，从而打造独具一格的服装艺术作品。

（二）陶瓷装饰艺术在现代服装设计色彩中的应用

1. 借鉴陶器自然色泽，应用于服装色彩设计

黎族制陶工艺中的陶器色彩多呈现出天然的黄白色、红褐色、灰黑色，这些色彩是陶器在烧制过程中自然生成的，具有独特的地域性与自然属性。在现代服装设计中，可以通过借鉴陶器的自然色泽，将其应用于服装的主色调或局部装饰。例如，黄白色、红褐色的色彩可以作为服装面料的基础色，传递温暖质朴的气息，与现代流行的中性色系相结合，打造出既低调又富有文化内涵的设计风格。可以结合陶器烧制过程中因火候不同而产生的色彩渐变效果，通过数码印花技术或扎染工艺，将自然过渡的色彩变化呈现在服装面料上，创造出更富层次感与自然韵律的视觉效果。这种方法适用于连衣裙、丝巾等柔性服饰与配件的设计，既体现黎族制陶色彩的独特性，又符合现代服饰的轻奢和简约风格。

2. 模仿陶器釉面光泽，提升服装色彩表现力

黎族陶器在烧制后形成的釉面光泽是重要的艺术特征，这种光泽的层次感与细腻质感为现代服装设计提供了灵感来源。设计师可以通过光泽感面料或工艺技术模仿陶器釉面的效果，例如采用丝绸、缎面、高光涂层面料，将陶器釉面的光滑感和反光效果融入服装设计之中。同时，结合刺绣、亮片、金属片装饰，可以在服装的关键部位（如领口、袖口、腰线）体现陶器釉面的反光感，增强服装的层次感和艺术表现力。设计师还可以通过激光切割或轧花工艺，在面料表面形成釉面裂纹效果，这种模拟陶器开片纹理的设计，不仅可增强服装色彩的细节表现力，还能赋予服装强烈的艺术感。这种设计适用于晚礼服、舞台服装、高定时装，使服装展现出高贵典雅的视觉冲击力。

3. 融合陶器烧制色彩变化，打造渐变与多层次色调

陶器在烧制过程中因温度变化而形成的自然色彩过渡，展现出独特的渐变与混色效果，这是陶瓷艺术的一大特色。在现代服装设计中，可以通过数码印花、喷绘或晕染工艺，将陶器色彩渐变的效果引入服装面料中。例如，可使用渐变染色技术，将陶器从灰黑色到红褐色的自然过渡呈现于

服装的裙摆或外套上，模仿陶器烧制过程中色彩层次叠加的艺术效果。设计师还可以通过手绘或局部喷涂的方式，在服装面料上创造出类似陶器色彩混合的随机效果，使每件服装呈现出独特的艺术特性。此外，结合黎族陶器烧制过程中产生的局部烟熏或火烧痕迹，可以利用不规则印花技术或手工处理在服装上再现色彩特征，强化服装的手工感与自然气息。这种方法适用于日常服装的个性化设计或限量款服饰，既能突出黎陶的色彩美学，也可提升服装的文化辨识度与市场吸引力。通过这些方式，陶瓷装饰艺术的色彩特色在现代服装设计中得到了充分发挥，为服装设计提供了丰富的创作灵感与视觉张力。

（三）陶瓷装饰艺术在现代服装设计图案中的应用

1.提取陶瓷纹样图案作为服装设计的装饰元素

黎族陶瓷装饰艺术中的几何图案、自然纹样和传统符号为现代服装设计提供了丰富的图案灵感。设计师可以通过提取陶器上的经典纹样，将其转化为服装上的装饰性图案。例如，黎族陶器上常见的几何纹样如同心圆、波浪线、菱形等，可以通过数字化扫描技术采集并进行优化处理，转化为印花图案应用于服装设计中。在设计实践中，设计师可以将陶瓷图案运用于服装的局部装饰，如衣领、袖口、胸前、裙摆，通过局部点缀的方式突出黎族陶瓷的文化特色。也可以利用现代工艺技术如刺绣、烫钻、贴花，将提取的陶瓷纹样转化为立体装饰，从而提升服装的视觉冲击力和文化辨识度。这种方式不仅能展示黎陶纹样的传统美感，还能通过服装设计使其焕发出新的艺术活力。

2.通过陶瓷裂纹纹理设计独特的服装图案

黎族陶瓷烧制过程中产生的自然裂纹是独特的纹理效果，具有天然的随机性、艺术性。在现代服装设计中，这种裂纹效果可以成为创新的图案灵感。设计师可以通过手绘或数字化技术，将陶瓷裂纹纹理转化为面料上的印花图案，呈现出具有自然韵律感的装饰效果。例如，可以使用渐变染色技术模拟陶瓷裂纹的层次变化，将裂纹设计为服装的背景图案，增强服装的深度感和层次感。此外，可以在特定的面料上应用轧花或激光切割技术，形成类似陶瓷裂纹的立体效果，使服装在触感与视觉上都展现出陶瓷的特征。这种裂纹图案不仅可以应用于日常服装的设计，还适用于高定时装中，通过夸张的表现形式展现陶瓷裂纹的艺术美感，赋予服装更高的艺术价值和时尚表现力。

3.融合陶瓷图案与服装整体廓型设计

黎族陶瓷装饰艺术中的图案设计不仅限于平面印花，还可以与服装的整体廓型设计结合，从而打造出更具立体感和结构感的时尚造型。例如，将陶器上的环形、弧线形纹样与服装的剪裁、拼接工艺相结合，在服装的局部创造出结构化的装饰效果。在设计实践中，设计师可以利用陶瓷图案的曲线设计服装的拼接线条，形成独特的分割结构，如在裙摆、袖子、衣身处添加弧形拼接，以呼应陶瓷装饰的艺术特征。另外，设计师可以将陶瓷图案设计成贴合人体曲线的纹样，通过刺绣、浮雕织物等工艺在服装上呈现，增强服装的立体效果与设计感。此外，还可以将陶器上的重复性图案转化为服装的整面图案设计，例如，以陶瓷上的菱形纹样为灵感，设计成连衣裙或外套的全覆盖印花图案，使服装呈现出统一而富有节奏感的装饰效果。这种融合陶瓷图案与服装结构的设计方式，不仅能增强服装的艺术表现力，还能赋予服装更深层次的文化内涵和独特性，使其在时尚市场中更具竞争力。

（四）陶瓷材料质感在现代服装配件设计中的应用

1.运用陶瓷质感设计服装纽扣及装饰性扣具

陶瓷材料的天然质感与独特纹理为服装纽扣及装饰性扣具的设计提供了全新的可能性。设计师可以通过黎族陶瓷工艺中常见的圆形、方形、几何造型，结合陶瓷釉面的光泽与纹样，将其转化为纽扣或扣具的设计元素。例如，在服装外套或连衣裙中使用陶瓷质感的纽扣，既能增加服装的装饰性，又能通过光滑的釉面与独特的质感提升整体的质感。设计师可以采用轻量化的陶瓷复合材料制作纽扣，以减少陶瓷原材料的重量，提高耐用性。为增强设计的多样性，可以在纽扣的陶瓷表面添加手绘纹样、印花、镶嵌工艺，从而将黎族陶器的文化符号与艺术元素融入其中，使纽扣不仅是功能性部件，还成为服装的一部分艺术装饰。这种陶瓷纽扣特别适用于大衣、风衣等高级服装中，既体现了传统工艺的独特美感，又提升了产品的文化辨识度。

2.将陶瓷质感融入服饰配件

陶瓷材料的坚固性和耐磨性使其在服装配件设计中具有广泛的应用潜力，在腰带、鞋饰、包袋等服装配件中可以发挥独特作用。例如，设计师可以将陶瓷材料作为腰带扣或腰带主体的一部分，通过结合陶瓷的自然质感与现代金属或皮革材质，创造出兼具传统与时尚感的腰带设计。在鞋饰方面，可以利用陶瓷材料的光泽与立体造型，将其应用于鞋扣、鞋面装饰等部位。例如，在凉鞋或高跟鞋设计中加入陶瓷装饰片，使鞋子的设计更具艺术气息，同时通过陶瓷表面的釉色变化和纹理表现提升整体美感。在包袋设计中，陶瓷质感的应用可以通过手柄、搭扣、整体装饰等形式实现。例如，设计师可以将陶瓷元素作为包袋的主饰件，将其设计成具有黎族陶器特色的雕刻或立体装饰件，从而增强包袋的艺术价值与独特性。这种设计方式不仅能强化配件的功能性和装饰性，还能通过陶瓷元素赋予产品深厚的文化内涵。

3.结合陶瓷与仿陶材质开发轻量化配件设计

由于陶瓷本身特性，将其直接用于服装配件会影响实际使用体验。设计师可以结合现代仿陶材料技术开发轻量化的陶瓷配件，既保留陶瓷的独特质感，又解决传统陶瓷在耐用性、便捷性上的局限。例如，设计师可以采用仿陶树脂材料，通过模具制作模拟陶瓷表面的光泽和纹理效果，应用于纽扣、拉链和装饰件等轻便的服装配件设计中。这种仿陶材质不仅能精准还原陶瓷的视觉与触觉效果，还可以通过调节密度、硬度，使其更适合大规模生产和日常佩戴。可以在仿陶材料中加入环保设计理念，如使用可回收材料制作，从而满足现代消费者对可持续产品的需求。通过这种方式，陶瓷质感可被广泛地应用于服装配件设计，不仅可提升设计的多样性，还能增强服饰产品在文化传承和市场适应性方面的综合竞争力。这些创新应用使陶瓷质感与现代服装设计在材料技术上的融合得以实现，为服装设计注入更多创意与文化价值。

（五）陶瓷文化元素在现代服装品牌形象塑造中的应用

1. 将黎族制陶工艺融入品牌标识设计，提升文化辨识度

在现代服装品牌形象塑造中，品牌标识是传递品牌文化和内涵的关键载体。通过融入黎族制陶工艺的文化元素，可以使品牌标识更具民族特色与文化辨识度。例如，设计师可以提取黎族陶器上具有代表性的几何纹样、自然纹理、传统符号，结合品牌的核心理念，设计出独具特色的品牌标识（Logo）或标志性图案。可以使用黎陶经典的几何图案，如波浪纹、菱形纹，作为品牌 Logo 的主图形元素，可结合陶器的自然色泽和纹理质感，从而打造出与品牌服饰风格高度契合的视觉形象。此外，设计师可以通过陶瓷纹理的渐变效果或裂纹设计，为品牌标识添加动态的视觉表现，使其既传承黎族陶器的文化特色，又能展现品牌的创新精神。带有黎族陶器特色的标识可以广泛应用于品牌的服装吊牌、标签、包装设计中，从而强化消费者对品牌形象的文化认知与记忆。

2. 在品牌传播中融入黎族陶器的文化故事，打造品牌文化价值

品牌传播不仅依赖视觉元素，还要通过讲述品牌背后的文化故事与情感内涵，建立与消费者的深度连接。黎族制陶工艺具有深厚的历史积淀与独特的文化内涵，为品牌文化叙事提供了丰富的素材。在品牌传播中，可以通过短视频、微电影、数字媒体宣传等方式，展现黎族制陶工艺的历史、制作流程及与黎族日常生活的紧密联系。例如，可以拍摄以黎族制陶匠人为主角的纪录片，呈现陶器制作过程中手工技艺与自然环境的融合，突出品牌对传统文化传承的尊重与创新。此外，在品牌官网与社交媒体上，可以开设专题栏目或动态展示，与消费者分享黎族陶器的文化意义与美学价值，从而提升品牌的文化深度与增强消费者的情感共鸣。这种文化叙事不仅能赋予品牌更高的文化附加值，还可以增强品牌与市场的文化关联性，使品牌成为传统文化与现代时尚结合的典范。

3. 结合陶器文化开发品牌联名产品与线下体验活动，提升市场影响力

品牌形象的塑造还可以通过与黎族陶器文化的深度合作，开发联名产品或举办文化体验活动来强化。具体做法主要包括与黎族制陶工艺的传承

人或非遗保护机构合作，推出限量版陶器主题服装系列。例如，在服饰设计中可以融入陶瓷纹样的印花、刺绣、配饰，从而打造具有文化符号的时尚单品，也可将陶瓷元素融入鞋饰、包袋等配件设计中，从而形成完整的系列产品，以此来丰富品牌的产品线。在线下，品牌还可以策划以黎族陶器文化为主题的互动体验活动，例如，举办"黎陶艺术展"或陶器制作体验工作坊，让消费者亲身参与陶器的制作过程，感受陶瓷工艺的独特魅力。这些活动不仅可以增强消费者对品牌的情感认同，还能通过社交媒体传播扩大品牌的市场影响力。此外，通过与知名艺术家或跨界设计师合作，将黎族陶器文化与现代设计理念相结合，可打造高端定制或艺术系列产品，从而提升品牌形象的独特性与市场影响力。通过这些创新实践，品牌不仅能在市场中占据独特定位，还能将黎族制陶工艺传播到更广泛的受众中，助力非遗的传承与发展，进而实现品牌形象与文化价值的双赢。

第三节

陶瓷工艺在现代服饰设计中的创新发展策略

一、深度挖掘陶瓷文化内涵，强化设计主题与品牌差异化

深度挖掘陶瓷文化内涵，强化设计主题与品牌差异化，可从提炼文化符号、结合设计语言、强化品牌形象三个方面实施。首先，设计师可通过研究陶瓷工艺的历史背景、技艺特点、文化象征，提炼出具有代表性的文化符号，如黎族陶器的几何纹样、自然裂纹、釉面光泽等独特艺术元素，

将其转化为服饰设计的核心视觉语言。这些元素可以通过数字化技术提取并进行二次创作，以刺绣、印花、雕刻的方式应用到服饰中，例如耳环、项链、手镯等配件，使产品具备鲜明的文化特性。其次，设计师可以结合陶瓷工艺中"裂纹美""自然纹理"等独特美学特点，通过材质拼接或表面处理工艺，将陶瓷的粗犷与细腻质感巧妙融合，赋予设计更高的艺术表达力。例如，设计师可以围绕陶瓷文化的艺术价值与象征意义，制定与品牌理念契合的设计主题，例如，以"自然与传承""匠心与复兴"为主题，通过设计系列产品展现陶瓷文化与现代时尚的碰撞。在现代服饰中，融入陶瓷的自然色调和质感，例如红褐、黄白、灰黑等陶器色彩，结合简约现代的设计廓型，打造既有传统韵味又符合当代审美的时尚配饰。最后，在品牌形象塑造上，可以通过陶瓷文化故事的讲述与传播，提升品牌的文化附加值与确定差异化定位。可以拍摄纪录片或推出陶瓷主题的营销活动，以可视化的方式呈现陶瓷工艺背后的匠心与文化传承，通过品牌官网、社交媒体平台、线下展览推广这些内容，让消费者在购买产品过程中，了解其深厚的文化背景，以此来提升品牌的辨识度与市场竞争力。

二、融合传统工艺与现代科技，拓展陶瓷材质应用场景

创新造型设计与装饰工艺，提升服饰的艺术价值，可从独特造型设计、精细装饰工艺、多元材质融合三方面具体实施。在造型设计上，设计师可以从黎族陶瓷的传统器形中提取灵感，例如将陶器中的壶口、圆腹、底座结构转化为服饰的造型元素，设计成耳环、项链坠饰或胸针的独特外形，体现陶瓷艺术的曲线美与结构感。通过3D建模技术，能精确还原这些灵感造型，并根据人体工程学进行调整，使饰品既符合传统艺术审美，又兼具佩戴舒适性。其次，在装饰工艺上，可以利用黎族陶器表面的釉面效果、裂纹纹理、拍印纹样，开发精细化的表面装饰工艺。例如，通过激光雕刻或微雕技术在饰品表面刻画细腻的几何纹样，或通过喷釉、手绘、烤花工艺模拟陶瓷釉面的渐变色彩与自然裂纹，使饰品呈现出丰富的细节

表现力。此外，可以利用金箔贴花、镶嵌珍珠或宝石等方式，与陶瓷装饰相结合，提升饰品的高端质感和视觉冲击力。通过多元材质的融合设计，可丰富服饰的艺术表现形式。例如，将陶瓷与金属、皮革、木材搭配，通过材质之间的对比与衔接，打造出层次分明且独具匠心的设计效果。这种方式不仅能突出陶瓷的艺术特色，还能增强服饰的实用性和耐用性，从而为消费者提供既富有艺术价值又兼具功能性的配饰产品。这些创新设计与装饰工艺的结合，能提升服饰的艺术表现力和市场吸引力，助力传统陶瓷文化在现代服饰领域焕发新生。

三、创新造型设计与装饰工艺，提升服饰艺术价值

创新造型设计与装饰工艺，提升服饰艺术价值，可以通过提取传统陶瓷元素、创新装饰手法、融合多维材质实现。首先，可以从黎族陶瓷的经典造型中提取设计灵感，将陶器独有的壶口、弧线、几何形态融入饰品设计中。例如，耳环可以设计为小型陶壶的形状，项链吊坠可采用陶器圆腹的曲线造型，从而突出艺术化的结构美感。通过3D建模技术，精确还原传统陶器的造型特征，同时调整尺寸比例和佩戴舒适性，使饰品更符合当代用户的需求。其次，在装饰工艺上，可以模仿黎族陶瓷的釉面光泽、裂纹效果和纹理肌理，通过现代工艺技术进行再现。例如，利用喷釉或渐变涂层工艺，在饰品表面实现陶器般的色彩变化与自然质感，也可以结合激光雕刻或微刻工艺，添加细腻的几何图案或民族符号，将陶瓷的装饰性与现代美学相结合。再次，设计师可以通过引入镶嵌工艺，将金属、珍珠或宝石与陶瓷元素进行组合，提升饰品的高级感与细节层次感。最后，通过多元材质的融合设计，可丰富艺术表现形式。例如，将陶瓷与纺织品、木材、皮革相结合，在对比中突出陶瓷的独特质感，增强饰品的实用性与佩戴舒适性。这种多材质的组合设计，既能体现陶瓷的艺术价值，又能赋予饰品更多现代功能属性，提升其市场吸引力与文化价值。这些创新策略将传统陶瓷文化与现代设计手法相结合，不仅能提升服饰的艺术表现力，还可为品牌塑造和市场推广提供新方向。

四、借助数字化设计与营销手段，推动陶瓷服饰市场化发展

借助数字化设计与营销手段，推动陶瓷服饰的市场化发展，可以通过数字化设计工具提升创意效率、建立线上营销平台扩大传播范围，以及结合数据分析实现精准营销等多种方式实现。首先，在设计环节，可以运用3D建模、渲染、虚拟试戴等数字化工具提升陶瓷服饰的设计效率与创意表达。通过3D建模技术，设计师可以快速模拟陶瓷材质的外观、纹理、质感，从而生成多种设计方案进行比对优化，也可借助虚拟试戴技术，让消费者在购买前直接看到佩戴效果，从而提升购买体验与满意度。其次，在线上营销方面，可以搭建专属的电商平台或借助现有主流电商平台（如天猫、京东等）销售陶瓷服饰，也可通过社交媒体（如微博、小红书、抖音）发布精美产品图文和短视频，展示陶瓷服饰的独特质感、文化内涵、工艺价值。例如，通过短视频内容拍摄陶瓷饰品的制作过程，从而展现手工匠人的技艺与文化传承，以此来增强消费者的情感共鸣。还可运用直播带货形式，让设计师或非遗传承人亲自讲解产品故事与设计理念，加深消费者对产品文化价值的理解。最后，可借助数据分析技术实现精准营销，通过用户行为数据的收集与分析，准确洞察目标用户的偏好与购买习惯，制定针对性的营销策略。例如，可以针对不同年龄段或地区的用户设计个性化推送内容，将陶瓷饰品文化与现代生活方式结合，从而打破传统文化与现代消费者之间的认知隔阂。还可以通过限量产品预售或个性化定制服务，营造独特的消费体验，增强用户对品牌的黏性。

五、完善陶瓷工艺技能培训体系，打造复合型人才队伍

完善陶瓷工艺技能培训体系，打造复合型人才队伍，需从加强传统技艺传承、融入现代设计与技术教育、搭建产学研结合的平台三方面实施。首先，可以通过设立非遗陶瓷工艺传承培训项目，加强对传统黎族制陶技

艺的系统性学习与实践。邀请经验丰富的传承人或工艺大师授课，教授陶瓷的原料处理、手工成型、烧制工艺等核心技能，并结合案例教学展示黎族陶瓷文化的内涵与价值，使学员全面掌握传统工艺技能，并具备一定的文化解读能力。这种培训方式不仅能保护和传承传统工艺，还能培养学员对陶瓷文化的深刻理解，为后续创新设计提供灵感支撑。其次，在培训中可引入现代设计理念与技术教育，培养学员在数字化设计、创新材料应用、智能制造领域的能力。例如，可以通过开设数字化工具课程，教授学员如何运用3D建模、渲染、激光雕刻等现代技术优化陶瓷饰品的设计与生产，引导学员将传统技艺与现代消费者需求相结合，设计出具有市场吸引力的陶瓷服饰。再次，高校还可以增加商业和品牌建设课程，使学员掌握市场营销、产品定位、品牌运营的基本技能，从而培养具有复合能力的设计人才。最后，政府部门要积极主动，搭建产学研结合的实践平台，推动人才与行业的深度对接。例如，可以建立陶瓷工艺创新中心或产业孵化平台，为学员提供创新设计展示与创业支持，吸引更多年轻人才加入陶瓷工艺领域，壮大复合型人才队伍。这种多层次的技能培训体系不仅能提高陶瓷工艺从业者的专业水平，还能为陶瓷服饰行业的发展提供持续的人才支撑，推动传统工艺与现代设计的融合创新。

六、搭建产业链合作平台，实现传统工艺的规模化生产与推广

搭建产业链合作平台，实现传统工艺的规模化生产与推广，可以通过建立产业协同机制、优化生产流程、拓宽市场推广渠道三方面实施。首先，可建立以陶瓷工艺为核心的产业协同机制，联合设计师、传承人、材料供应商、生产厂家等不同环节的主体，搭建完整的产业链合作平台。从而推动传统手工艺人和现代生产企业的对接，发挥手工技艺在设计中的创新价值，并利用企业的规模化生产能力，提高产品输出效率。其次，为促进合作顺畅，可以设立专门的协调机构或协会，统筹各环节资源，明确分工，确保从设计、生产到市场推广的全流程无缝衔接。政府部门可通过政

策倾斜，为传统陶瓷工艺提供资金和技术扶持，为产业链合作平台的建立奠定坚实基础。再次，在生产环节，可以引入现代化设备与工艺流程优化技术，将传统手工技艺与高效生产模式相结合。例如，利用数字化生产技术将陶瓷工艺中的复杂纹样和造型标准化，通过激光雕刻、3D打印、数码喷釉等技术提升制作效率。还可以通过模块化生产方式分解制作流程，降低生产成本，提高产品一致性，为传统陶瓷工艺实现批量化生产创造条件。最后，可拓宽市场推广渠道，提升传统工艺的商业价值、影响力。通过电商平台、线下体验店、文旅合作等多渠道推广陶瓷产品。例如，在线上建立陶瓷工艺的专属旗舰店，结合短视频与直播宣传产品的设计理念与文化内涵；在线下则可以通过设置文化体验店，让消费者直观感受陶瓷工艺的魅力。也可与旅游景区合作开发文创产品，利用陶瓷与文化旅游的结合增加市场曝光度。通过搭建产业链合作平台，不仅可以提升传统工艺的生产效率，还能扩大其市场规模与文化传播力，为传统陶瓷工艺注入持续发展的动力。

第十章

镶嵌工艺在现代服饰设计中的应用

第一节

镶嵌工艺概述

一、镶嵌工艺的起源

镶嵌工艺作为中国传统漆艺的重要技法，起源可追溯至新石器时代，是中国装饰艺术的关键组成部分。考古发现，我国最早在漆器表面使用镶嵌装饰的技术就已经出现，这种工艺在商周时期得到了发展。商代的漆器中，常见玉石、玛瑙、绿松石、金箔等材料通过镶嵌手法装饰在器物表面，赋予器物以华丽的质感与独特的美感。西周时期，螺钿工艺开始产生，特色是将天然贝壳雕刻成精细的纹样嵌入漆层之中，为漆器增添了明艳的色彩与层次感。考古证实，西周的漆器装饰已经形成了完整的工艺体系，螺钿镶嵌技术在礼器装饰中尤为常见，成为礼器文化的关键象征。到了春秋战国与秦汉时期，由于礼乐制度的衰落，螺钿镶嵌的工艺应用有所减少，但此后仍在一定范围内保留下来，并在不同历史时期得以复兴与创新。唐代是镶嵌工艺发展的重要阶段，"金银平脱"工艺的流行将镶嵌艺术推向新高度。该时期镶嵌艺术以金银箔片与螺钿为主要材料，通过平嵌的方式形成金灿灿的视觉效果，装饰主题涵盖人物、花鸟、山水等，充分体现了唐代艺术的繁荣与奢华。镶嵌工艺在该时期不仅广泛应用于漆器，还被用于铜镜等物品的装饰，使螺钿镶嵌工艺的应用范围更加广泛。宋元时期，镶嵌工艺逐渐成熟，螺钿镶嵌的表现形式更加精细，薄螺钿工艺发展成熟。这一时期的作品以人物、建筑、山水为主题，通过对螺片的精细雕刻与嵌入，实现了更写实的艺术表达。到明清时期，"百宝嵌"逐渐流行，成为镶嵌工艺的代表形式，结合着玉石、宝石等多种珍贵材料，工艺水平达到新的高度。镶嵌工艺以精细复杂和华丽多彩而闻名，装饰范围涵盖了屏风、家具、器物等多个领域。进入现代社会，随着材料科学发展，镶嵌工艺材料的选择更加多样化，复合材料和创新技术的运用使得镶嵌工艺品的表现形式更加多元化。从传统的玉石、玛瑙、贝壳到现代的金属、玻璃、复合材料，镶嵌工艺不断融入新元素，为现代设计提供了广阔的表达空间。镶嵌工艺也在装饰艺术和日常用品中焕发出新的生命力，成为连接传统文化与现代审美的重要桥梁。这种工艺的多元发展，不仅体现着传统技艺的持续传承与创新，也使其在现代社会获得了更广泛的认可与应用。

二、镶嵌工艺的价值

镶嵌工艺作为中国传统漆艺的关键组成部分，不仅是宝贵的文化遗产，也是中华传统美学与工艺智慧的体现。价值主要体现在学术研究、文化发展、社会发展三个层面，为现代首饰品设计及工艺美术领域的发展提供了创新基础。

在学术研究层面，镶嵌工艺突破了传统漆艺的扁平化设计，通过立体形态的变化实现了装饰工艺的新高度。以独特的手工技法与材料选择，使漆器及首饰在造型、纹样、色彩方面呈现出丰富的表现力。研究镶嵌工艺不仅是对传统装饰技法的总结，也是拓展现代装饰工艺理论实践的必要途径。当前国内外对镶嵌工艺的研究大多集中在整体工艺流程描述上，缺乏对具体技法、材质创新及艺术表现力的深入探讨。因此，针对镶嵌工艺的研究与实践，不仅可以完善传统工艺的学术体系，还能开辟更多的创新发展空间，为漆艺领域发展提供新视角。

在文化发展层面，镶嵌工艺的传承与创新是保护非物质文化遗产的关键。作为一种传统工艺技法，镶嵌工艺自商周时期便承载着中华民族的审美文化与生活智慧。通过发掘镶嵌工艺的历史发展脉络，结合现代设计理念，可以将镶嵌工艺融入现代服饰设计中，既能延续镶嵌工艺深厚的文化内涵，又能赋予其新的时代意义。镶嵌工艺的传承不仅关乎技艺本身，也涉及民族文化自信的树立。镶嵌工艺的推广与应用能唤醒大众对传统文化的认同感，使传统技艺在现代社会焕发新的生机。

在社会发展层面，镶嵌工艺对社会文化认同及生活美学的发展具有重要意义。作为非物质文化遗产的组成部分，镶嵌工艺的保护与发展能丰富人民群众的物质与精神文化生活。镶嵌工艺不仅是一项技艺，也是群众对美的认知与审美的体现。通过在现代服饰设计中的创新应用，镶嵌工艺可以拉近传统文化与当代社会的距离，使更多人了解这一传统技法，进而增强其民族文化认同感。镶嵌工艺的创新发展还能促进工艺美术产业的复兴，吸引更多年轻人投入传统工艺领域，为技艺的传承注入新鲜血液。

三、镶嵌工艺的材料种类

（一）金银镶嵌

金银镶嵌工艺在漆艺中是一种极具装饰性与艺术性的传统工艺形式，材料主要包括金、银、铜等金属，这些金属材质使用不仅能与漆器本身的独特光泽和质感完美结合，还展现出流光溢彩的金属美感，为作品赋予高贵典雅的气质。金银镶嵌工艺的特点在于能够调和漆器表面的色彩，无论是鲜艳的色彩还是低调的深色漆面，都能通过金银的光泽加以点缀，展现出丰富的层次与韵律感，也能与多种髹饰技法形成互补关系。传统的金银镶嵌工艺主要发展出三种典型的表现形式。一是扣器技法，这种技法在明代得到了迅速发展，例如明代剔黑开光花鸟纹梅瓶。这种技法起初以实用性为主，通过镶嵌金属扣件增强器物的功能性，随着工艺的不断改进，扣器技法逐渐演变为实用与装饰并重的工艺形式。通过将金银材料以精准的镶嵌方式固定在漆胎上，不仅能提升器物的整体美观度，还能增强其耐用性，使其兼具实用和装饰价值。二是金银箔贴花技法，这种工艺将薄如蝉翼的金银箔剪裁、雕刻成各种纹理和图案，再利用漆的黏性将其牢固地附着在漆胎表面。金银箔贴花工艺的独特之处在于能以轻薄的材质展现物象的轮廓和层次感，并通过髹漆与磨显工艺来增强装饰效果。例如西汉彩绘双层九子漆奁便运用了金银箔贴花的技法，不仅使画面更加生动细腻，还赋予作品轻盈灵动的视觉效果。金银箔贴花应用使得漆器装饰在平面和细节表现上达到了新高度。三是金银平脱工艺，金银平脱工艺作为金银镶嵌中最具表现力的技法，盛行于唐代。金银平脱工艺通过将金银箔片以更加精细的方式雕刻和镶嵌，使其能呈现超乎寻常的细节表现力。与金银箔贴花相比，平脱工艺更适合描绘细致入微的局部特征，例如飞禽走兽的羽毛质感、人物表情的生动变化，以及衣物褶皱的真实效果。在唐代，金银平脱被应用于各种漆器装饰上，如屏风、盒函、盘盏等，使得这些器物不仅具备实用功能，也成了艺术珍品。金银镶嵌工艺凭借丰富的技法与细腻的表现力，成为传统漆艺中不可或缺的重要装饰技法。扣器、金银箔贴花、金银平脱等每一种技法都体现着传统工艺对贵金属材质与漆艺独特质感的巧妙融合，也展现着工艺师精湛的技艺与艺术创新能力。这种工艺不仅传承着中华传统文化的精髓，也为现代装饰设计提供了丰富的灵感来源。

（二）螺钿镶嵌

螺钿镶嵌，又称螺甸、螺填、钿嵌，是一种将贝壳薄片镶嵌于漆器、木器等表面的装饰工艺。这种技法起源于人类对自然光线反射美感的敏锐观察，通过利用螺贝独特的光泽和色彩，将其加工成精美的艺术装饰。螺钿镶嵌核心工艺主要包括将天然海螺壳或贝壳磨制成厚度不一的薄片，并根据设计需求裁切成点状、线状和图案形状，再镶嵌到器物表面。螺钿材质的天然色泽与漆器的深沉光泽相结合，形成独特的装饰美学，是中国古代工艺纹样装饰的重要形式。螺钿材料根据厚度分为薄螺钿和厚螺钿，厚螺钿厚度通常在0.5~2毫米，薄螺钿的厚度不超过0.5毫米。从古至今，螺钿片的制作逐渐向更薄、更精细的方向发展，使得装饰效果更具灵动性、多样性。螺钿镶嵌工艺的设计依据画面需求，巧妙选用不同色泽的螺片，通过裁切与组合形成丰富的纹样和画面。在技术手法上，螺钿镶嵌可分为平嵌、浮嵌两种。平嵌是指螺钿与漆面齐平，形成光滑统一的表面；浮嵌则使螺钿高出漆面，形成立体的装饰效果。这种多层次的设计使螺钿装饰呈现更加丰富的视觉效果，充分体现着其作为传统工艺材料的独特表现力。螺钿材料的色彩表现力展现了最独特的艺术魅力。早期螺钿多以淡水珍珠蚌壳为主，随着海外贸易的发展，夜光贝、鲍鱼贝、蝶贝等深海材料被广泛运用，这些天然材料在光线下能展现出五彩斑斓的色泽，创作者常在螺钿背面进行垫色处理，例如涂刷色漆，使其在光线变化中呈现出若隐若现的微妙色彩效果。螺钿镶嵌装饰手法不仅强调材料本身的天然光泽，还通过精心设计，使其在装饰画面中与漆器相辅相成，从而形成具有浑厚雅致和立体效果的画面美感。总之，螺钿镶嵌作为传统装饰工艺的典范，凭借独特的材料语言与装饰技法，成为装饰艺术中的关键组成部分。其天然色彩与光泽所带来的视觉效果，不仅展现了材料本身的美学价值，也通过创作者的巧妙设计，为人们提供了别具一格的审美体验。

（三）蛋壳镶嵌

蛋壳镶嵌是一种以禽类蛋壳为主要材料的装饰工艺，主要包括鸡蛋、鸭蛋、鹌鹑蛋、鸽蛋壳，甚至鸵鸟蛋壳。与古代常用的金银玉石等高价值材料相比，蛋壳作为普通易得的材料在漆艺中被广泛应用，体现了极大的创新精神和对材质多样性的包容。蛋壳主要成分是碳酸钙，与贝壳和大理石的成分相似，具有硬度高、耐久性强的特点。它在漆艺中的应用不仅弥补了漆黑色调的单一性，为漆器艺术增添了明亮的白色，其中，自然的龟裂纹理和朴实的质感，与漆艺本身的简约特性完美契合。蛋壳镶嵌的自然肌理与破碎后的纹理变化赋予了作品独特的视觉效果，使蛋壳成为漆艺装饰中的关键材料。不同种类的蛋壳在厚度、颜色、特性上各有差异，从而在艺术创作中展现出不同的效果。例如，鸡蛋壳以白色、厚度适中而成为最常用的材料，其易于获取和操作的特点使其在多种作品中占据关键地位；鸭蛋壳呈青白色，厚度较厚，更适合用来表现粗犷的风格；鹌鹑蛋壳则以薄且脆著称，其浅绿色与白色质地非常适合表现细腻的画面细节，仅适用于需要"画龙点睛"的精致部位；鸵鸟蛋壳因其厚重且难以操作而较少使用。这些蛋壳的多样性不仅提供了丰富的创作可能性，还通过合理搭配满足了艺术家对不同纹理和质感的需求。蛋壳镶嵌的工艺技法丰富多样，可根据设计需求分为装饰趣味型、素描形式、加减法等表现手法。装饰趣味型主要利用蛋壳的自然龟裂纹理，通过随机的排列组合，创造出具有强烈艺术感和装饰性的图案效果。素描形式主要通过蛋壳碎片的大小与密度，控制画面的体积感，例如通过细碎的蛋壳拼贴表现出复杂的光影变化与立体效果。在蛋壳背面进行垫色处理也是一种常见的技法，通过在半透明的蛋壳背面涂刷色漆，可以创造出时隐时现的色彩变化，从而赋予作品更丰富的视觉层次。与此同时，蛋壳的形状也可以保留自然的边缘，展现出强烈的自然美感。蛋壳镶嵌不仅在色彩和纹理上具有独特的艺术表现力，其材料本身的稳定性与牢固性也使其成为漆艺中不可或缺的装饰材料。蛋壳镶嵌的质感具有朴素而严谨的视觉效果，与漆艺的深沉质地相辅相成，为作品增添了强烈的表现力。在现代漆艺术中，蛋壳镶嵌的应用不仅局限于传统漆器装饰，还被应用于漆画创作中。例如，著名漆画艺术家乔十光的作品《江南水乡》中，蛋壳镶嵌通过细腻的肌理变化表现出江南水乡的静谧美景，其自然纹理为画面增添了层次感和质感，成为作品中不可忽视的重要元素。

（四）百宝镶嵌

百宝镶嵌是中国传统工艺中极具艺术表现力的装饰技法，核心在于在同一器物上有选择性地镶嵌多种经过精细加工的珍贵材料，如青金石、玉石、珍珠、玛瑙等，通过巧妙的组合和布局，营造出丰富的画面效果与立体感，突出艺术主题和视觉冲击力。根据画面的需求，百宝镶嵌可以分为两种主要方式：一是通过高低起伏的浮雕手法，使镶嵌材质与漆面呈现错落有致的层次感，从而增强画面的立体效果；二是将镶嵌材料与漆面保持平齐，使整个画面统一在同一水平面上，形成平整而精致的视觉表现。这两种方式根据艺术需求灵活运用，不仅能实现虚实结合、层次分明的画面表达，还能赋予器物鲜明的生命力与独特的艺术张力。

百宝镶嵌艺术特点在于其对于空间感和视觉效果的精准把控。通过浮雕式的高低镶嵌，器物表面在光线照射下会产生丰富的光影变化，随着观赏角度不同，折射出多彩的光泽和质感，为器物增添了灵动的生命力。例如，作品《大型百宝镶嵌五百罗汉屏风》便是这种技法的典型代表。该作品耗时两年完成，综合了金漆涂绘、镶嵌百宝、薄片贴金、彩绘等多种工艺，利用青金石、玉石等珍贵材料，在匠人精雕细琢的技法下，将山川木石、飞鸟走兽的形象刻画得栩栩如生。作品中每一块镶嵌的材料都经过精心选取和打磨，表现出行云流水的自然效果，使整体画面营造出美轮美奂的意境，观赏时如同身临其境，令人叹为观止。

百宝镶嵌技法的独特之处不仅在于其材料的奢华与工艺的复杂性，还在于它能够在大尺幅作品中展现更为震撼的视觉效果。光线在百宝镶嵌表面反射出的不同色泽与光影变化，使作品更具层次感和艺术表现力。无论是高低起伏的立体效果，还是平齐镶嵌的平面布局，都体现着百宝镶嵌在设计和技艺上的高度创造力。作为一种集工艺美术与艺术表现于一体的技法，百宝镶嵌不仅展示了匠人对自然纹理和材质质感的巧妙运用，还通过其细腻而生动的画面表达，赋予器物独特的艺术气质和文化价值。

第二节

镶嵌工艺在现代服饰设计中的应用案例

一、镶嵌工艺在现代首饰设计中的应用

（一）镶嵌工艺在现代首饰设计中的艺术表现

1. 丰富首饰设计色彩的多样性

镶嵌工艺为首饰设计带来了广阔的色彩表现空间，使首饰不仅具有装饰功能，还能传递情感与意境。色彩是首饰设计中最直观的表达语言，也是情感传递的关键载体。在传统首饰设计中，金、银、铂及合金是常用的金属材料，但由于这些金属的颜色由材质本身决定，可用的色彩较为单一，限制着设计师在色彩表现上的可能性。自然界中的宝石因其丰富多彩的色泽与较高的审美价值，成为镶嵌工艺的绝佳搭档。镶嵌工艺将金属的坚固性与宝石的色彩美感有机结合，通过多样化的宝石镶嵌方案，为首饰

设计提供了无限可能。例如，将多种颜色的宝石按照特定的色彩组合进行镶嵌，可以呈现出具有视觉冲击力的设计效果。镶嵌工艺使设计师能够通过色彩组合表达特定的情感或主题，直接传递给佩戴者，从而增强首饰作品的情感内涵和观赏价值。这种基于色彩美学的设计形式，不仅能满足不同消费者的审美需求，也可以创造众多经典的首饰设计作品，使镶嵌工艺在现代首饰设计中发挥着重要作用。

2.提升首饰设计造型的多变性

造型是首饰设计的核心要素之一，对作品的外观与吸引力起到决定性作用。镶嵌工艺通过多样化的镶嵌方式，为首饰造型设计提供了无限可能。镶嵌工艺的特点在于，尽管镶口在首饰中所占比例较小，却能通过其多样的制作方式为首饰带来完全不同的视觉效果。例如，包镶作为一种传统的镶嵌方式，通过将金属边缘推压到宝石上固定其位置，使宝石周围形成明显的金属框线，从而为首饰增添复古与古典韵味。以香奈儿经典彩色宝石手镯为例，该作品采用了包镶工艺，颗粒较大的宝石与金属镶口相互辉映，赋予了作品浓厚的复古气息。而新兴的张力镶嵌工艺则完全颠覆了传统的金属包裹形式，此外，梵克雅宝（Van Cleef & Arpels）的隐蔽式镶嵌工艺也通过巧妙设计完全隐藏了金属支撑结构，让宝石成为视觉的唯一主角，其大面积的宝石光泽与统一的色块感赋予首饰作品独特的风格与震撼力。镶嵌工艺的创新拓宽了首饰造型的表现形式，为设计师提供了更多探索的可能性。

3.增加首饰设计工艺的价值性

镶嵌工艺不仅丰富着首饰的外观表现，还能提升其工艺价值。镶嵌工艺作为需要高度专业性的技艺，其精细程度与复杂性直接影响首饰的品质和艺术价值。通过镶嵌工艺，设计师可以将珍贵的宝石材料与复杂的镶嵌技法结合，创造出独特且高度定制化的首饰作品。例如，隐蔽式镶嵌需要设计师对宝石切割角度和金属框架进行精确计算，使宝石表面完全覆盖，难以看到任何金属结构。这种技法不仅展现着工匠高超的技艺水平，也能赋予作品更高的艺术价值和收藏价值。此外，宝石的色泽、切割形式、镶嵌手法与金属材质的完美配合，可以使每一件首饰成为独一无二的艺术品。镶嵌工艺的精细化，不仅提升了首饰的装饰效果，还使其在市场中具备了更高的附加值与文化意义，从而为消费者提供了更加多元的审美体验与使用选择。

（二）镶嵌工艺在现代首饰设计中的优势

1.材料优势

镶嵌工艺在现代首饰设计中的重要优势之一是材料多样性，为设计提供了极大的创作空间与艺术表现力。作为漆艺工艺中的关键技法，镶嵌工艺通过结合多种材质，打破传统材料局限，使首饰设计在美观性、耐用性、艺术性上都达到了新高度。从传统材料到现代创新材质，镶嵌工艺的发展不仅可拓宽装饰的可能性，也可为首饰设计注入无限活力。传统镶嵌工艺使用的材料主要包括蛋壳、螺钿、金银、各种珍贵的宝石，这些材料因其天然的质感与色彩特点，逐渐成为工艺师表现艺术意图的工具。蛋壳提供了自然的龟裂纹理与朴素的白色调，与漆艺相结合展现出独特的质感。螺钿以其丰富的光泽与色彩层次，在光线下呈现出流动的色彩效果，为首饰增添了灵动感。金银因其高贵的质地与可塑性，为镶嵌工艺提供更加精细耐用的表现力。传统材料不仅传承着历史工艺的经典魅力，还在现代首饰设计中焕发出了新生命力。随着现代技术的发展，镶嵌工艺的材料种类进一步丰富，逐渐扩展到玻璃、树脂、陶瓷、水晶、织物、动物标本，甚至新型合成材料等。这些材料不仅各具特点，还能通过不同的加工方式展现多样的艺术效果。玻璃的透明感与金属的坚硬感相结合，可以创造出现代感强烈的装饰风格；树脂因其轻便且易于塑形的特点，成为镶嵌工艺中表现复杂造型的理想材料；陶瓷凭借其温润的质地与耐用性，为首饰设计增添了独特的文化韵味。这些新型材料的加入，使镶嵌工艺从传统的纹样表达扩展到更加立体、更加多元化的艺术表现领域。在材料黏合方面，镶嵌工艺也展现出了高度的灵活性。根据不同材料的特性，工匠开发了多种黏合剂，确保镶嵌效果的稳定性。例如，对金属镶嵌，会采用鱼鳔胶与生漆调和的方式增强黏附力；对螺钿镶嵌，会根据材料的硬度与厚度选择漆灰或色漆作为黏合剂；骨牙、玉石等较重的材料多采用桐油调石灰或树脂制成的黏合剂。这种针对性极强的材料选择与黏合工艺，使镶嵌技法不仅能满足视觉表现需求，还能经受时间的考验，从而确保作品的长久耐用性。镶嵌工艺通过材料的多样性与灵活性，将自然的质感、色彩、工艺相结合，为现代首饰设计提供了丰富的创作可能。从传统的宝石、金属到现代的新型材料，镶嵌技法实现了材质与艺术的完美融合，不仅满足了消费者对美观和品质的双重追求，还为工艺的传承与创新提供了坚实的基础。

2.色彩肌理优势

镶嵌工艺在现代首饰设计中最大的艺术魅力是色彩的丰富性与肌理的多样性，这种优势使其在视觉表现和艺术表达上具有独特的地位。中国传统漆艺自古以来对色彩具有较强的敏感性，深刻影响着镶嵌工艺的美学发展。通过将天然矿物质颜料与大漆结合，漆艺实现了多种色彩的创造，如银朱、赭石、石黄、石青等，不仅丰富了漆色体系，也为镶嵌工艺提供了多样的色彩基础。这些色彩在传统工艺中多用于衬托螺钿、蛋壳、金银等材料的自然光泽，形成色彩对比鲜明、装饰层次分明的艺术效果，为现代首饰设计奠定了极具审美价值的传统基础。镶嵌工艺所采用的多样材质，拓展了其色彩表现的广度与肌理表达的深度。蛋壳的纯白质感、金箔的富丽金黄、贝壳的温润雅致，以及螺钿的流光溢彩，通过镶嵌工艺的灵活运用，与漆艺的深沉黑色或明艳彩漆相结合，构成了层次分明、辉煌绚丽的视觉效果。例如，扬州的点螺工艺通过选用天然色彩丰富的珍珠贝、夜光螺等材料，利用漆面的光滑质感和漆的黏性，将螺钿片精心镶嵌于漆器表面，使其散发出五彩斑斓的光泽。这种技艺以螺钿的天然色彩丰富漆器效果，形成了极具艺术美感的装饰作品，展现着镶嵌工艺在色彩应用中的无限可能性。除了色彩多样性，镶嵌工艺在肌理表现上也展现出强大的优势。不同材质因自身特性呈现出独特的纹理效果，这些肌理通过镶嵌技法的巧妙运用，为首饰设计增添了丰富的艺术层次。例如，蛋壳的天然龟裂纹理展现出纯粹、自然的肌理美感，螺钿在光线照射下的流动色泽则赋予了作品生动的视觉动态感，金银平脱的细腻光泽与色彩协调则为首饰增添了高贵与细致的美感。不同材质的肌理，不仅丰富着首饰的视觉效果，还通过对光线与材料反射特性的运用，使其具有极高的审美价值与艺术价值。现代材料与技法的发展，也为镶嵌工艺在色彩和肌理上的表现提供了更大的空间。传统工艺中的金银贴花、骨木镶嵌、百宝镶嵌等形式，在现代技法的支持下得到了灵活表达，不同材质的混合运用创造了独特的视觉效果。例如，骨石镶嵌的素朴质感与金银镶嵌的璀璨光泽形成鲜明对比，螺钿镶嵌的温润细腻与蛋壳的自然肌理相辅相成，构建了既多样又和谐统一的艺术风格。这种色彩与肌理的交相辉映，赋予了现代首饰设计更加鲜活的表现力与艺术感染力。

3.造型优势

镶嵌工艺在现代首饰设计中展现出卓越的造型优势，这种优势来源于漆艺工艺极强的材料适配性与胎体造型的自由多变性。大漆能附着在任何材质上，为镶嵌工艺提供了广泛的创作可能性。在胎体制作方面，漆艺的强可塑性为复杂造型的设计提供了支持，使镶嵌工艺在表现精细的线条与几何形状时展现出无与伦比的精准性。这种独特的特性使得漆首饰的造型更加富有表现力，能充分满足现代首饰设计对复杂造型与个性化风格的高要求。首先，漆艺胎体的多样性、可变性为镶嵌工艺提供了丰富的造型基础。胎体可以根据具体需求设计为方形、圆形、异形，甚至复杂的动物、植物、人物形状。例如，通过使用大漆的黏性结合镶嵌材料，设计师能在胎体表面进行高度复杂的装饰创作。人物脸部的细腻表情可以利用细碎的漆粉描绘，表现出微妙的情感变化；蛋壳因其强可塑性，适合表现动态的起伏身躯或细致动作；色彩斑斓的螺钿能生动描绘出自然景象，如山川、河流、波光粼粼的水面。这种材料与胎体的巧妙结合，使镶嵌工艺在表现复杂细节与立体感方面具有显著的优势。其次，镶嵌工艺通过丰富的技法与材料组合，使首饰造型更加立体化、多样化。随着镶嵌工艺的精进，设计师不仅能在作品中体现高度的视觉美感，还能通过造型传达深层次的精神内涵。例如，通过精确控制镶嵌材料的纹理色彩，作品可以展现人物的内在情绪变化，将复杂的精神世界通过外在造型表现得淋漓尽致。这种情感与形式的融合是镶嵌工艺区别于其他装饰技法的重要特点，也使其成为现代首饰设计中的关键表现形式。最后，镶嵌工艺得益于漆艺技法进步与材料种类的扩展，使首饰造型具有更高的艺术表现力。镶嵌工艺的多样化材料不仅增加了作品的装饰层次，还赋予了作品强烈的生命力。例如，运用色彩丰富的螺钿表现自然景观的动态感，用蛋壳或其他可塑性材料塑造动物或人物的动作细节，不同材料的巧妙衔接使作品在视觉效果上更加和

谐美观。这种对细节和整体造型的精准把控，使镶嵌工艺创作出富有感染力的艺术品

（三）银丝镶嵌工艺在现代首饰设计中的应用

1.银丝镶嵌的技法概述

银丝镶嵌工艺作为传统装饰技艺的一种，具有鲜明的艺术特色与独特的表现形式。与现代镶嵌工艺的侧重不同，银丝镶嵌工艺主要以红木等木质材料为胎底，将银丝镶嵌成花木、禽鸟等纹样，以情境化、叙事性的题材为主，赋予器物装饰更丰富的艺术内涵与故事性。这种工艺不仅在视觉上弥补了木质器物表面不够光亮的不足，还通过富丽典雅的纹样设计，增强了装饰效果，与器物造型和谐美观地融合在一起。银丝镶嵌表面效果与战国至秦汉时期的"金银错"工艺有一定相似之处，但两者并非同源。银丝镶嵌纹样通过银丝的纤细线条展现出流畅的艺术表现力，色泽与木质胎底的质感形成鲜明对比，使得装饰整体更加生动而富有层次感。但由于银丝镶嵌的纹样设计需要与器物造型高度契合，制作过程中需特别注重风格的统一性和比例的协调性。这种精细的工艺不仅对材料的选择有严格要求，还考验工匠对装饰纹样的艺术设计能力与对技法的掌控水平。随着现代工艺的创新与融合，银丝镶嵌逐渐融入画、雕、嵌、贴等多种工艺形式，形成了综合性的创作技法。这些现代银丝镶嵌作品既具有实用性，又具装饰性、艺术性，成为美观大方的生活用具和技艺精湛的工艺品。

2.银丝镶嵌工艺的特征

银丝镶嵌工艺以独特的选材、用丝、纹饰设计，展现出精湛的工艺特点与高度的艺术表现力。首先，在胎底选料上，银丝镶嵌通常选择质地致密坚韧、纹理细腻的木材作为基础材料。这些材料多为红木类，主要包括紫檀、黄檀、花梨木、红酸枝等，优良的材质既能提供稳定的结构支持，又为银丝镶嵌的细腻表现提供了良好的质感对比。在现代工艺中，除传统木材，陶瓷、玉石等材料也被作为镶嵌的胎底使用，这种材料的多样性拓宽了银丝镶嵌的应用领域，为现代设计注入了更多的创新可能性。其次，在用丝选择上，银丝镶嵌一般选用银质圆丝，并根据纹样刻道的宽窄决定

银丝的直径。银丝通常比刻道略粗，保证其嵌入后的稳定性与紧密度。纯金丝因其质地柔软、色泽高贵，也被用于镶嵌工艺中，特别是在高端作品中，金丝以其贵重性体现了器物的价值。从纹饰设计的角度来看，金丝与银丝的使用还需综合考虑木材的颜色和纹样的整体效果。在一件器物上会同时使用金丝和银丝，通常以一种丝质为主，另一种仅作为局部点缀，增加纹饰的层次感与艺术表现力。最后，银丝镶嵌工艺的纹饰极具艺术性与技巧性。装饰纹样常以银丝代替传统浅浮雕中的阴、阳线条，形成凹面的"填"或凸面的"嵌"两种表现形式。凹面填嵌的银丝纹饰强调细腻的线条感，凸面嵌入更加注重立体感与光影效果。虽然两种方式在工艺稳定性上都存在一定的挑战，但在艺术表现上各有千秋：凹面的填嵌纹饰更加沉稳细腻，而凸面的嵌入纹饰则显得灵活生动。

3.银丝镶嵌工艺在首饰中的具体表现

银丝镶嵌工艺以其流畅优雅的线条与丰富的纹饰形式，在现代首饰设计中展现出高度的艺术性。这种工艺不仅传承了中国传统白描艺术的精髓，还通过多样化的技法创新，赋予首饰独特的美感与文化内涵。在具体表现上，主要体现在装饰纹样与工艺技法两个方面。

一是装饰纹样的艺术表现，银丝镶嵌首饰装饰纹样具有浓厚的传统文化内涵，注重视觉艺术效果。在纹样形式上，银丝镶嵌会选用具有文化象征意义的云纹、花卉纹等传统元素。例如，云纹是银丝镶嵌中常见主题，样式多样，主要包括旋云纹、云雷纹、流云纹等，常寓意吉祥安宁。一串小叶紫檀手串，通过银丝镶嵌祥云纹样，可让每颗佛珠都增添祥瑞之气，寓意佩戴者吉祥平安。"背云"首饰配件，通常以银丝镶嵌传统文字纹样，如"寿"字纹，结合云纹勾勒，寓意福寿安康。这些装饰纹样通过银丝的皎洁光亮与木质胎体的沉稳质感相结合，使作品既古朴温润，又不失金属的现代质感，展现出银丝镶嵌独特的装饰性。

佛教文化的传入也为银丝镶嵌装饰带来了更多的灵感，如莲花、宝相花等佛教主题纹样。莲花纹样通过银丝细致描绘，花瓣圆润饱满，结合荷叶、桔梗等自然元素，与佛教意象的流云纹、佛手相辅相成，营造出吉祥的装饰氛围。宝相花纹样融合了牡丹、菊花等多种花卉元素，常用卷草纹装饰背景，排列成复杂的几何造型。这些纹样形式不仅具有视觉上的和谐美感，还蕴含着深刻的文化寓意，为银丝镶嵌首饰增添了更高的艺术价值。

二是工艺技法的精细创新，银丝镶嵌工艺在首饰制作中，通过创新技法融入，不断提升作品的工艺精度与装饰效果。在早期制作中，工匠主要采用薄刀刻画胎体表面的线条，手工雕刻的线条需丰富的经验与精湛的技艺，对工匠要求极高。以清代沉香嵌银丝金珠手镯为例，胎体外壁用银丝勾勒云纹，并镶嵌金珠点缀团寿纹，形成色泽油亮、细节精美的装饰效果。由于工艺繁复，每一件作品都体现出高度的匠心和古典美感。但传统手工技法耗时费力，制作精细图案的难度较大，造成产量有限。在现代首饰设计中，银丝镶嵌工艺逐渐引入现代化设备，如雕刻机、激光切割等技术。这些工具可以精准刻画胎体上的纹样线条，通过不同型号的雕刻针头调节线条的粗细和深度，从而提高纹样创作的效率与精度。

银丝镶嵌工艺通过装饰纹样的丰富表现与工艺技法的精细创新，不仅在现代首饰中展现着传统文化的深厚底蕴，还为首饰设计注入了独特的艺术张力。无论是写实的莲花纹样，还是装饰性的云纹和文字图案，银丝镶嵌工艺都以灵活多变的表现形式，彰显着首饰设计的独特魅力和文化价值。

（四）花丝镶嵌工艺在现代首饰设计中的创新应用

1.花丝镶嵌工艺的起源

花丝镶嵌工艺起源于商周时期，历史可追溯至我国早期金属加工技术的发展与青铜器制作传统。在商周时期，青铜作为主要材料，通过铸造、锤揲等工艺创造了诸多辉煌的文明成果。人们逐渐发现黄金的特殊属性，包括色泽金黄、产量稀少、延展性优异、硬度低等。这些特性为黄金加工提供了独特的优势。早期的黄金制品，如商代三星堆遗址出土的包金青铜像和西周晋侯墓中的金腰带，显示了黄金锤揲和铸造技术的初步运用。黄金稀缺的现实推动了细金工艺的发展，逐渐形成了黄金加工中的精细技法，为花丝镶嵌工艺的萌芽奠定了基础。商周时期青铜器发展直接影响后世的工艺美术和纹饰设计。青铜器不仅满足了实际使用需求，还通过复杂的纹饰表达等级制度与宗教意义。商代的青铜器纹饰已经展现出明显的装饰层次感，其中"三叠法"纹饰的多层分区设计特别突出。这种手法通过主纹、地纹及附加的边饰相互衬托，形成了威严肃穆且富有节奏感的装饰效果。立体装饰与空间层次的美化也是商代青铜器的特色，早期装饰思想在花丝镶嵌工艺中得以传承。花丝镶嵌以金属细丝堆叠编垒成立体造型，装饰设计中主纹与地纹的结合直接延续了青铜器的纹饰逻辑。

周代，青铜器纹饰从威慑性的主题转向了强调秩序感的装饰风格。二方连续的环带纹样成为主流，其以单元纹饰重复叠加形成连贯的大面积图案，表现出极高的设计精度与对比例尺度的控制。设计思想也深刻影响花丝镶嵌技法，例如花丝镶嵌中的"枣核锦地"纹样，通过单丝掐成四角星状，再重复排列，构建出规整的连续图案，展现出古代设计思维的延续性。

春秋战国时期，工艺技术迎来了新突破，主要包括失蜡浇铸法与金银错工艺。失蜡浇铸法使复杂结构和精细纹饰的制造成为可能，金银错工艺通过将金银丝或片镶嵌于青铜器表面，再错磨平滑，从而实现金银花纹与器物表面的高度融合。这种技法在青铜器纹饰中展现着前所未有的精细度和流畅性，引入了彩石镶嵌，为后期花丝镶嵌工艺的发展提供了技术启发。战国时期的工艺美术思想强调了装饰的整体性，并提出了"材有美，工有巧"的理念，不仅关注了工艺本身，还探讨了物质、空间与美学之间的关系。花丝镶嵌工艺作为宫廷艺术的一部分，在技法上始终追求极致，依赖手工制作达到精巧细腻的效果。虽然失蜡浇铸法在战国时期已被广泛用于青铜器制造，但由于花丝镶嵌多为小面积、高精度的装饰，手工技法能更好地实现纹饰的灵活设计与精细表现。手工制作也为匠人随时调整和补足配件提供了便利，这种独特的工艺方式被延续至今。春秋战国时期关于装饰图案的连续性与整体性的设计理念，极大地影响了花丝镶嵌工艺的演进，为其注入了深厚的历史文化内涵。

2. 花丝镶嵌工艺的发展

秦汉时期，中国社会统一与经济的繁荣为花丝镶嵌工艺发展奠定了坚实基础。秦朝实现了国家大一统，汉代则在"文景之治"、张骞通西域等事件的影响下，助推着中原文化与外来文化的融合与交流。丝绸之路的兴起为中国带来了大量的黄金资源与西域先进的金属加工技艺，使花丝镶嵌工艺逐渐完善。汉代器物中已开始出现较为复杂的花丝镶嵌技法，例如西汉海昏侯墓中出土的马蹄金，上围饰花纹的花丝丝型多达九种，表明汉代工匠已能熟练地运用不同丝型制作多样化的纹饰，从而提升器物的美感与工艺水平。汉代还发展出金属珠粒工艺，将黄金制成细小的圆珠，焊接于器物表面，增添其装饰性，这种技法虽然在精致度上略显粗犷，但为后世的花丝镶嵌工艺奠定了基础。汉代出土的金饰还带有浓厚的异域风格，例如东汉八角形金饰，展现着与西域文明深度交流成果。唐代是花丝镶嵌工艺发展的关键时期，繁荣的经济与开放的社会文化氛围促进了工艺美术的发展。唐代金银器的使用量空前增加，全国各地出土的唐代金银制品数量高达两千件以上，涵盖从首饰到日常器物的多种类型。该时期工匠善于从西亚、南亚等地区学习先进技艺，将其融入传统花丝镶嵌工艺之中，形成了独具特色的富贵华丽风格。例如，扬州博物馆藏的嵌宝石莲瓣纹金耳坠，展示着唐代花丝镶嵌工艺的高超。耳坠上的宝石色彩鲜艳，金丝制成的镂空莲瓣状球体，花纹细腻蜿蜒，与珍珠等装饰元素和谐搭配，既展现出华丽的视觉效果，又体现了细腻柔美的工艺细节。这种工艺将多种镶嵌方式融于一件作品中，既注重整体设计的张力，又兼顾局部细节的精致，充分反映了唐代工匠对工艺技法的灵活运用。唐代花丝镶嵌工艺不仅应用于首饰设计，还应用于日常器物的装饰中。该时期的花丝镶嵌工艺在细节处理与设计风格上都更加成熟，纹饰也由单一的几何图形逐渐发展为更加饱满、更加立体的装饰形式，体现了唐代工艺美术的高度繁荣与创新能力。

3.花丝镶嵌的工艺特征

（1）工艺流程概述。花丝镶嵌工艺的流程主要包括设计、化料、拔丝、搓丝、压丝、膘丝、掐丝、填丝、焊接、抛光、清洗。设计环节是制作高质量花丝镶嵌作品的核心步骤，通常分为绘图与制图两个部分。初期由具有丰富实操经验与扎实美术功底的工艺美术大师进行创意设计，该阶段通常需要30～60天，通过单线稿的形式表现设计概念。简单的首饰设计在完成绘图后，直接进入配丝环节。在掐丝、填丝的过程中，设计者可以根据实际效果对细节进行调整。如果是复杂的大型精品设计，需要进一步制图。制图过程按照1：1的比例严格绘制，由设计师和资深工艺大师共同完成。该阶段需对丝型、丝的尺寸、镶嵌宝石种类、局部工艺、材质选择、表面处理等细节反复推敲，并进行完善，确保最终成品的工艺精准度。制图还需标注清晰的工艺标准、注意事项、生产细节，避免在生产过程中因沟通不畅或设计不周引发误差。制图环节承担着成本控制的重要职责，通过科学的规划平衡工艺价值与经济效益，确保生产出的花丝镶嵌作品兼具质量、美感、市场价值。

（2）花丝镶嵌的主要工具与材料。花丝镶嵌工艺实施需准备一系列专业工具与优质材料，确保工艺的精细与效果的卓越。工具方面，需要专用的操作台，即首饰师傅台，上方配有吊机与焊枪悬挂装置，灯光明亮且均匀，从而满足花丝镶嵌工艺对精细操作要求。老匠人会使用立式放大镜进行细节观察。台面分两层，第一层用于存放常用工具和首饰零件，第二层用于收集金属碎屑。必备工具主要包括整型用的钢锤、橡胶锤、戒指铁、窝冲套装，锉削工具如板锉、三角锉、半圆锉，切割、调整用的圆口钳、尖口钳、线锯。焊接工具需配备汽油焊枪、脚踏风球控制火力大小，焊接辅助工具如大火夹子、葫芦夹、蜂窝焊瓦必不可少。化料工具如油槽、坩埚及抛光用的砂纸等均是常规配置。掐丝镊子是重要工具，须通过精细打磨调整至尖部对齐、尖细，满足花丝的复杂制作需求。搓丝板多选用原木材质，表面光滑无刺，与台塞孔尺寸配合良好。优质工具是高效制作的基础，通过对工具的改造优化，可提升制作效率。花丝镶嵌材料选择是工艺成功的关键因素。常用金属材料主要包括延展性优良的金、银和铜，其中，黄金因其稀有性与延展性，被广泛应用于高端花丝镶嵌作品，多使用24K金、22K金、18K金，按国际标准进行配比，制作出的作品更具收藏价值。黄金材料为花丝镶嵌提供了高附加值，适合婚嫁市场和高端珠宝领域。银材因价格较低，多用于大型摆件和大众化的日常首饰，也是初学者的练习材料，有助于锻炼技艺。除金属外，宝石、玉石材料的选择也十分丰富，主要包括翡翠、白玉、红蓝宝石、珍珠、碧玺等，依据首饰档次与设计需求决定用料。高档花丝镶嵌首饰多采用饱和度高的红蓝宝、祖母绿、顶级翡翠等珍贵材料，结合俏色翡翠或古玉雕件制作，极具收藏价值。中档首饰更多使用碧玺、石榴石、珍珠、绿松石等，以简约的花丝设计搭配适中的宝石材料，适合日常佩戴。现代花丝镶嵌还创新性地融入沉香木雕、瓷片、琉璃等装饰元素，从而丰富了首饰的材料选择与艺术表现力。

（五）花丝镶嵌工艺在现代首饰设计中的具体应用

1.汉服配饰中的花丝镶嵌设计

花丝镶嵌工艺在汉服配饰设计中得到了广泛应用，以细腻精巧的工艺与富有层次感的装饰效果，为汉服文化注入了独特的艺术魅力。在设计过程中，花丝镶嵌工艺常以传统纹样为灵感，结合汉服的古典气质，打造出如步摇、发簪、耳坠等具有浓厚传统韵味的配饰。设计师可利用金丝、银丝等贵金属，通过掐丝、堆丝等技法，将祥云、莲花、缠枝牡丹等传统纹样生动展现。这些纹样不仅体现着中国传统文化的深厚底蕴，也能与汉服的整体风格和谐统一，使配饰成为汉服造型的重要点缀。为适应现代审美需求，花丝镶嵌工艺在传统基础上融入了创新元素，如将现代宝石切割技术与花丝镶嵌工艺相结合，通过镶嵌翡翠、碧玺、珍珠等色彩鲜明的宝石，赋予配饰丰富的层次感与光彩。在设计实践中，设计师会根据汉服款式的不同选择合适的配饰形态。例如，对端庄典雅的礼服类汉服，可选用较大面积的发簪或步摇设计，注重精致感与对称性；对日常便服类汉服，倾向于设计简洁小巧的耳坠或胸针，强调佩戴的轻便性、实用性。花丝镶嵌工艺的灵活性也使其能适应不同场景与风格的需求，通过调整金属丝的粗细、纹样的复杂度、宝石的大小和色彩，使配饰既能适用于传统仪式，也能满足现代汉服爱好者日常穿搭的需求。在当代汉服热潮推动下，花丝镶嵌工艺不仅丰富着汉服配饰的表现形式，也成为传统工艺与现代时尚融合发展的典范。

2.婚嫁珠宝中的花丝镶嵌设计

婚嫁珠宝中的花丝镶嵌设计以其精致华丽的工艺与寓意深远的传统文化内涵，成为婚嫁场合的重要象征。在设计实践中，设计师通常以中国传统婚俗文化为灵感，将吉祥寓意融入珠宝的纹样与造型中，例如龙凤呈祥、连理枝、并蒂莲等经典元素，通过掐丝、填丝、堆垒等技法，用金丝、银丝精心打造出复杂而生动的图案。设计时，设计师需注重纹样的对称性与整体感，传递婚姻和谐美满的寓意。花丝镶嵌婚嫁珠宝广泛运用珍贵的宝石和玉石，像红宝石、蓝宝石、祖母绿、珍珠等，利用包镶、镶钉、卡镶等镶嵌技法，将宝石巧妙嵌入花丝结构中，既凸显宝石的璀璨光泽，又与花丝纹样完美结合，营造出珠宝层次分明、光彩夺目的视觉效果。为满足现代新人的审美需求，设计师可在保留传统文化元素的同时，融入简约、时尚的设计理念。例如，在龙凤图案中加入流线型元素，使整体设计更显轻盈与现代感；或通过简化花丝镶嵌的层次，突出宝石的主视觉效果，使婚嫁珠宝更适合日常佩戴。在花丝镶嵌过程中，可根据不同婚嫁场合的需求，选择珠宝的种类与造型，例如婚礼典礼中使用的凤冠、步摇、戒指，多采用复杂的镶嵌工艺和奢华材质，在敬茶或迎亲环节中，设计师可设计小巧轻便的耳饰、手镯、项链，适应场景切换。整体而言，花丝镶嵌婚嫁珠宝通过传统与现代的巧妙结合，不仅彰显着新人身份的尊贵和婚姻的美好寓意，也体现着中国传统工艺的独特魅力与文化传承的深厚底蕴。

3.定制珠宝中的花丝镶嵌设计

定制珠宝中的花丝镶嵌设计以高度的个性化与工艺精湛的特点，为客户提供独一无二的珠宝作品。在设计过程中，设计师需与客户深入沟通，了解其个人喜好、生活习惯、定制需求，如特定的文化象征、纪念意义、审美偏好等。设计师以此为基础，通过花丝镶嵌的灵活性与精细性，将客户的独特故事融入设计中。在作品制作时，设计师可利用花丝镶嵌的掐丝、填丝、堆垒工艺，塑造出符合客户需求的纹样与造型，例如象征家庭幸福的连理枝、表达个人信念的文字图案或富有文化底蕴的传统纹饰。金丝、银丝等贵金属材料被用于掐制复杂的纹理，并与客户指定的宝石如红蓝宝、祖母绿、翡翠等相结合，通过包镶、钉镶、隐秘式镶嵌等技法，确保宝石牢固的同时，最大限度地展现其色泽与光芒。在工艺细节上，设计师还可以根据客户需求，选用复古或现代的制作风格，例如，在传统造型中融入极简线条或运用镂空设计，增强作品的时尚感与轻盈度。定制珠宝还需注重佩戴的舒适性与实用性，设计师可根据客户的体型特点和日常佩戴场景，调整首饰尺寸与重量，使其既满足艺术审美，又便于日常使用。

二、镶嵌工艺在现代服饰设计中的应用

（一）镶嵌工艺在裘皮服饰中的应用

1.裘皮镶嵌的历史

裘皮镶嵌的历史可以追溯到人类文明的早期演变阶段，应用发展经历了漫长的历史变迁。原始社会时期，动物毛皮是最重要的保暖材料，但由于当时工具的限制，人们只能对毛皮进行简单的切割与缝合，裘皮服饰在外观上保留了动物毛皮天然的斑纹与色泽，呈现出原始的实用美感。随着社会发展，裘皮逐渐被赋予了更深的文化意义，成为封建社会中地位与身份的象征。13世纪，裘皮服饰中首次出现了"镶拼"工艺，该时期的毛皮通过缝合被加工成大块规则的形状，发展出多种拼合方法。中世纪至文艺复兴时期，裘皮服饰在衬里和镶边设计中逐步呈现出装饰性特点，例如利用动物背部深灰色毛皮与腹部白色毛皮的不同质感与色调进行拼接，构成不同花样的图案。这种拼接方式具备了镶嵌工艺的雏形，但主要用于内衬装饰，并持续至19世纪。进入20世纪，人工饲养业的发展提升了毛皮的供应量，加上科学技术的进步，裘皮服饰开始由地位象征向时装方向转变，设计更注重外观质感与图案的表现力。20世纪70年代，镶嵌工艺被正式引入裘皮服饰设计，与其他传统裘皮工艺相比，这种工艺制成的服饰在外观上更加醒目，图案效果独特且极具艺术感，突出设计师的个人风格。

2.裘皮镶嵌使用的工具

裘皮镶嵌工艺需使用专业的毛皮工具，这些工具在不同工序中发挥着独特的功能，主要包括裁制工具、修整工具、定型工具、缝制工具。一是裁制工具，裁皮刀和毛皮切割机是裘皮镶嵌过程中不可或缺的裁制工具。由于动物毛皮的皮板上覆盖着浓密的毛绒层，使用普通剪刀容易破坏绒毛，导致图案边缘参差不齐。因此，专业裁皮刀和毛皮切割机在裁剪时仅对皮板单面进行切割，避免对绒毛的破坏。裁皮刀主要用于整皮或不规则形状的裁剪，毛皮切割机则专用于具有特定方向和形状的切条操作，保证裁剪的精准度和边缘的平整。二是修整工具，毛刷与毛剪是修整环节的核心工具，用于平顺毛皮表面并修饰毛的长度。在使用毛刷时要沿着毛的自

然走向轻刷，使倒斜的毛顺直平整，为镶嵌工艺提供基础。毛剪用于对毛皮的长度进行修整，有时为增加图案的立体感与层次效果，设计师会刻意在不同区域将毛修剪成高低不一的状态，从而为最终的镶嵌作品增添艺术表现力。三是定型工具，主要包括钉皮板、钉皮钳、起子等。该环节旨在通过物理固定方式消除裘皮的天然伸缩性，使皮张更加平整、稳定。钉皮板珠主要用来铺展待定型裘皮的木制工作台，根据裘皮种类，设计出不同尺寸与开槽位置。钉皮钳负责将皮张固定在钉皮板上，完成风干定型后，再用起子将固定钉轻松移除，从而保持裘皮的完整性。四是缝制工具，毛皮缝纫机是裘皮镶嵌图案边缘固定的重要设备。由于镶嵌图案的复杂性与不规则性，普通工业缝纫机难以满足其精细操作的需求，因此应用专用的毛皮缝纫机（单线锁缝机）。毛皮缝纫机预留的缝份极小，缝合效果平整紧密，缝制结束后需要将皮板平铺，用刀背轻刮缝线使镶嵌图案更加服帖自然，展现出最佳的视觉效果。

3.镶嵌工艺在裘皮服装中的具体应用

（1）点缀装饰，彰显设计独特魅力。镶嵌工艺在裘皮服装中的点缀装饰主要通过图案的巧妙设计与材料的精细拼接，凸显设计的独特魅力。在应用中，设计师会根据裘皮服装的整体风格，选取与服装色彩、质感相协调的材料进行局部镶嵌。例如，利用珍贵裘皮的天然纹理特点，将其裁剪成花卉、几何图形或抽象纹样，镶嵌于衣领、袖口、肩部、背部，形成与主料色彩对比鲜明的装饰效果，吸引视觉焦点。主要做法是将不同颜色或质感的裘皮进行拼接，通过精细裁切和缝合，形成复杂且富有层次的图案，如植物花卉、动物纹理、抽象曲线，使服装更具艺术感。在服饰制作过程中，镶嵌工艺的实现主要依赖高超的裁剪与拼接技巧。设计师会在图案设计阶段结合服装的轮廓结构，对比例进行精准规划，确保镶嵌装饰既不破坏服装整体的协调性，又能起到画龙点睛的效果。工艺上要选择裁皮刀或毛皮切割机对皮板进行精确裁剪，避免损伤毛绒，例如，设计师可使用毛刷和毛剪对接缝部分的毛面进行修整，使其边界平滑自然，过渡柔和。为使镶嵌装饰更加立体生动，可以利用多种材质的对比，例如，将光滑的裘皮与有颗粒感的材料结合，形成视觉和触觉上的双重冲击。在设计风格方面，镶嵌工艺能充分展现设计师的创意，通过色彩、材质与图案的灵活组合，打造出具有鲜明个性与时代感的服装。例如，设计师可将金属片、宝石或亮片元素融入镶嵌工艺中，与裘皮材质结合，不仅可丰富服装的视觉表现力，还能凸显服饰作品高贵与奢华的气质。这种装饰点缀的运用，既可提升裘皮服装的艺术价值，也能为穿着者增添独特的魅力与风采。

（2）巧用材料，兼顾环保与节约。镶嵌工艺在裘皮服装中通过巧妙利用材料，不仅能实现设计的艺术性，还能兼顾环保与节约。在应用中，设计师可以充分利用剩余的裘皮边角料，将这些小块材料裁剪成各种规则或不规则的形状，巧妙拼接成富有创意的装饰图案，从而避免材料浪费。例如，将裁剪下来的零碎裘皮制成几何图案或镶边线条，用于袖口、衣摆或领口的细节装饰，不仅可赋予服装更多的设计感，还能充分利用每一块材料，降低成本与资源浪费。在服饰制作中，裁剪与拼接工艺需要高度精确。设计师通过精密的图案设计和对裁皮工具的应用，将小面积的材料裁剪成符合设计需求的形状。对毛皮的边缘处理，可使用毛刷、毛剪进行修整，使拼接后的图案平整自然，过渡细腻流畅。此外，使用毛皮缝纫机进行精准的缝合，可以确保镶嵌部位紧密牢固，减少接缝的缝份，保持服装整体的美观性和实用性。在环保方面，镶嵌工艺提倡合理使用高端材料。例如，稀有昂贵的裘皮可以通过镶嵌的方式仅用于小面积点缀，主体部分选用较为普通的裘皮材料，从而降低对稀缺资源的消耗，保持服装的高端视觉效果。这种"少量高质"的设计策略，不仅能优化材料的利用率，还可减少对环境的压力，符合现代可持续发展的设计理念。

（3）增加层次感，丰富裘皮视觉表现。在裘皮服装设计中，通过镶嵌工艺增加层次感，可以丰富裘皮的视觉表现，赋予服装更高的艺术价值与设计深度。在现代服饰设计中，设计师可对不同质地、颜色、纹理的裘皮材料进行组合与拼接，从而形成丰富的层次效果。例如，设计师可以选用毛绒长度不同的裘皮材料，将短毛皮与长毛皮结合，通过高度差异产生自然的立体感和视觉变化。在袖口、领口、衣摆等重点部位，采用这种手法可以使服装的设计更具层次感、吸引力。设计师可以通过对图案的排列与镶嵌手法，增强服饰层次感。例如，可利用对比强烈的颜色拼接出渐变效果，或通过规则排列与不规则图案的搭配，创造出视觉上的起伏感。对高级定制裘皮服装，设计师可以采用局部毛料稀疏与密集的设计，使图案表现更为细腻、丰富，从而增加服装的动态美感。在制作过程中，定型和裁剪的精准度十分重要。设计师需使用裁皮刀或毛皮切割机对皮料进行细致裁剪，通过钉皮板进行铺展固定，保证镶嵌图案的平整与和谐。设计师可采用毛皮缝纫机进行拼接缝制，并对图案区域的毛皮长度进行精细修剪，使不同材质过渡自然且层次分明。通过这种工艺手法，裘皮服装能呈现出更丰富的纹理效果，既体现了奢华质感，又增强了视觉张力，从而为服装设计注入更多创意与表现力。

（4）融合多元材质，创新裘皮设计风格。在裘皮服装设计中，融合多元材质是创新设计风格的重要方法，通过将传统裘皮与其他材质相结合，不仅能打破单一裘皮材质的局限性，还能丰富服装的质感与视觉效果。主要包括在裘皮服装中融入金属、丝绸、蕾丝、针织等多种材质、面料，通过巧妙的拼接、镶嵌、叠加技术，营造出多样化的设计效果。例如，可以在裘皮的镶嵌图案中加入金属链条或金属片，利用其闪光的质感与裘皮的柔软形成鲜明对比，增加服装的现代感。此外，还可以尝试将轻薄材质与厚重裘皮结合，例如，在大衣或斗篷的裘皮部分嵌入丝绸或蕾丝边饰，利用丝绸的光滑感与蕾丝的精致感提升整体设计的轻盈与柔美效果。这种多元化的材质搭配，可以突出服装的局部设计细节，从而增强服饰整体的时尚感。在工艺上，设计师可使用先进的缝纫技术与镶嵌工艺，实现材质之间的无缝融合。例如，运用特制的毛皮缝纫机完成裘皮与织物的精准拼接，并通过定型工艺确保材质的稳固与服帖。设计师需充分考虑材质间的色彩搭配和质感平衡，避免材质融合时出现突兀感。通过多元材质的融合，裘皮服装不仅能展现更强的设计层次与细节，还能彰显前沿时尚与独特创意，为裘皮设计注入全新活力。

（5）优化结构设计，提升服装实用性能。在裘皮服装设计中，优化结构设计是提升服装实用性能的关键手段，通过合理调整服装的板型、结构、功能性细节，使裘皮服饰不仅具备美观的外形，还能满足舒适、便捷与实用的需求。主要做法包括在裘皮服装的剪裁中融入立体裁剪技术，贴合人体的自然曲线，从而提升服装的舒适性。例如，采用拼接镶嵌方式，将较硬或较厚的裘皮材质分段处理，并结合柔软的针织面料或皮革，使服装更具灵活性，便于穿着者的日常活动。在裘皮服装结构设计中，可以加入功能性元素，如拉链、暗扣、抽绳等装饰性的闭合件，不仅可提升服装的穿脱便捷性，还能通过巧妙的细节设计，丰富服装的整体造型。例如，设计师还可在服装内部增加轻薄衬里，从而提高裘皮的透气性与保暖效果，从而使服装适合多种环境与季节穿着。在工艺实现上，可通过精准的板型打板与科学的尺寸调配，确保服装的每一部分都符合人体工学设计，例如，设计师可利用激光切割等先进工艺技术，实现对裘皮的高精度裁剪，从而减少多余材料的浪费并优化服装的重量分布。通过优化结构设计，裘皮服装不仅在视觉效果上更加协调，也能兼具舒适性与功能性，从而为消费者提供优质的穿着体验。

（二）珠绣镶嵌工艺在毛衫服装设计中的运用

1.珠绣镶嵌工艺概述

珠绣镶嵌工艺是一种将珠片、亮片、珍珠、玻璃珠、金属珠等小型装饰材料通过手工或机械手段固定于服装表面，从而形成具有装饰性图案或效果的工艺形式。这种工艺以珠饰的质感、光泽、色彩为核心，通过巧妙地排列与组合，使服装设计呈现出独特的层次感与艺术价值。珠绣镶嵌工艺源远流长，起初主要应用于传统民族服饰及礼仪服饰中，随着时代发展，珠绣镶嵌工艺逐渐融入现代时尚设计领域，成为高定服装与日常时尚单品的重要表现手法。在毛衫服装设计中，珠绣镶嵌工艺以其灵活多变的表现形式得以运用。不仅可以利用不同材质珠饰的反光特性提升服装的视觉吸引力，还能通过密度、排列方式、刺绣技法的变化，塑造出丰富的纹理效果。由于毛衫材质柔软、有弹性，珠绣镶嵌工艺在实际操作中需要特别注重珠饰的轻量化处理，避免影响穿着舒适性，同时对针法的选择和排布也需充分考虑毛衫的特殊针织结构，确保装饰物的稳定性与整体协调感。珠绣镶嵌工艺的创新性与精致性，为毛衫服装设计注入了更多艺术表现力与独特的审美意趣，成为提升产品附加值的关键设计手段。

2.珠绣镶嵌工艺的设计风格

珠绣镶嵌工艺的设计风格呈现出丰富的多样性，灵感来源于点、线、面等基本设计元素，通过巧妙地排列和组合，从而赋予毛衫服装独特的艺术表现力与装饰效果。工艺核心主要是利用珠片、亮片、珍珠等多种装饰材料，结合手工与机械技术，以细腻的工艺手法为服装注入生动的视觉元素。点状装饰是珠绣镶嵌工艺最基本的形式，点作为最小的设计单元，具有高度的灵活性与视觉吸引力。在毛衫设计中，点状装饰可以以纽扣、珠片、小型图案等形式呈现，集中于衣物的局部区域，如领口、袖口、前襟等，通过密集排列或随机分布，创造出明暗点的对比效果，提升整体设计的活力和层次感。点的运用能打破传统毛衫设计中的单调感，为服装增添轻松、活泼的氛围，达到画龙点睛的效果。线状装饰可强化服饰设计的节奏感与流动性，通过点的排列或直接利用珠片排列成规则或不规则线条，实现线体的动态表现。在毛衫中，线状珠绣可以展现为几何曲线、植物藤蔓、抽象纹理等，既起到装饰作用，又在视觉上勾勒出服装的造型结构，突出设计的韵律感、线条美。例如，在袖口或腰线处通过线状装饰强调人体曲线，使服装更具整体感与和谐美。除点、线外，珠绣镶嵌工艺的面装饰更为突出，主要利用珠片在服装表面形成大面积的图案或纹理，展现出极高的艺术价值与工艺复杂性。在设计中，珠片的大小、颜色、排列方式决定着面装饰的视觉效果，例如，通过多种颜色的珠片组合形成渐变图案，也可通过规则排列的珠片构造几何形状与具象图案。面装饰常见于前胸、肩部、下摆等较为显眼的区域，通过点、线、面的有机结合，达到整体设计的协调统一。此外，面装饰的灵活运用使毛衫设计具有极强的个性化表现力，例如在领口、袖口等部位使用单一材质的珠片进行排列钉镶，或通过多种材料的组合构造花卉、文字等复杂图案，既能保留工艺细腻的特点，又能凸显服装的设计主题。珠绣镶嵌工艺为毛衫设计注入了多样化的表现语言，其点、线、面三者的有机结合在装饰性与功能性之间实现了高度平衡，使毛衫不仅焕发出优雅与生动的艺术风采，也能展现出高定服装的设计价值与审美层次。

3.珠绣镶嵌工艺在毛衫服装设计中的运用策略

（1）优化珠绣布局设计，提升服装整体美感。在毛衫服装设计中，通过优化珠绣布局设计，可以有效提升服装整体美感与艺术价值。首先，需要注重珠绣元素在服装上的分布与协调性，以服装整体结构为依据，合理规划珠绣装饰的布局，避免因密集或过于分散的设计造成视觉不适。例如，设计师可将珠绣装饰集中在服装的重点部位，如领口、袖口、肩部、前襟等，通过局部装饰突出设计亮点，使其与面料纹理和色彩协调统一。其次，设计师可充分利用点、线、面结合的装饰方法，将珠片、亮片等小型装饰品以排列、镶嵌、组合的形式融入设计中。点状布局可以采用单独的小珠点缀，呈现简约风格；线状布局可沿着衣物的线条设计，例如曲线、直线、几何图案；面状布局适合在大面积区域展现复杂图案或抽象画面，打造视觉冲击力。最后，在设计过程中要注重色彩的搭配与层次感的表达，选用不同光泽和材质的珠片组合，避免单一设计造成的平淡感，通过亮片的闪烁效果与毛衫的柔软质感形成对比，从而增加服装的立体感，实现美感与功能性的完美结合。

（2）结合面料特性，增强珠绣工艺实用性。在珠绣镶嵌工艺应用毛衫服装设计时，结合面料特性能有效增强珠绣工艺的实用性与适配性。首先，设计师需根据毛衫面料的弹性、厚度、纹理特点选择合适的珠绣材料和工艺。例如，对弹性较强的针织面料，可选用轻质珠片或小型珠子，避免过重的装饰对面料拉伸造成损伤，也可采用柔性缝制方法，让装饰随面料的延展性保持自然贴合。其次，设计师可在面料厚度的基础上调整珠绣的针法与密度。对较厚的毛衫面料，可选择较大的珠片或立体效果明显的珠饰，采用牢固的钉绣技法，确保珠绣装饰的稳定性；对轻薄面料，可选用轻便、平整的装饰材料，并使用细密的针法减少对面料的损伤，从而保证穿着的舒适性。最后，设计师可以结合面料的纹理设计珠绣的图案布局，使珠绣装饰与毛衫的纹理结构形成视觉上的延续性和协调性。例如，在粗针织面料上采用大面积的点状装饰，在细针织面料上采用小面积精细的图案设计，从而为毛衫设计加入美观的装饰效果。

（3）创新材料与技法，赋予设计多元表现力。在珠绣镶嵌工艺中，通过创新材料与技法，可以有效赋予毛衫服装设计多元化的艺术表现力。首先，在材料选择上，可以打破传统珠片、亮片的局限，尝试使用新型环保材料或异质材质，如再生塑料珠片、树脂颗粒、金属片、皮革切片等，这些材料可以通过不同的光泽与质感，展现出独特的装饰效果。例如，金属片的加入能为服装增添未来感，皮革切片则能带来自然质朴的风格。其次，设计师可结合科技手段开发智能装饰材料，例如，在珠绣中融入能够变色或发光材料，通过光线或温度的变化展现动态效果，为服装设计注入更多的趣味性。再次，在技法创新上，可以融合刺绣与珠绣，采用多层次、多手法的混搭方式，如在针法上结合传统手工绣与机械刺绣，既保持手工细腻的质感，又提升工艺效率。最后，设计师还可以尝试立体绣法，通过珠片的叠加、起伏设计，营造更强的空间感和立体感，让装饰图案更加鲜活生动。例如，将点、线、面结合，利用渐变色彩的珠片组合，呈现出自然景物的层次感或抽象艺术的几何风格。

第三节

镶嵌工艺在现代服饰设计中的创新发展路径

一、深入挖掘传统工艺文化价值，推动创意设计革新

深入挖掘传统工艺文化价值，推动创意设计革新，可从文化内涵的挖掘、设计理念融入、工艺传承的创新三个层面入手。首先，设计师可全面梳理镶嵌工艺的历史脉络与文化底蕴，从传统纹样、技法、材料中提取具有鲜明地域特色或民族象征的元素，深入挖掘其背后的文化价值与审美意义，将其转化为现代设计语言。通过对经典镶嵌工艺作品的研究与分析，提炼出能与当代审美相契合的核心视觉元素，例如，古代镶嵌工艺中的宝相花、云纹、吉祥图案等，从而赋予传统纹样现代化表现形式，使服饰更具文化深度与艺术感染力。其次，在创意设计中，可将传统文化符号与现代设计理念有机结合。例如，可在服饰设计中通过镶嵌技法将传统图案与现代几何构成融合，或以镶嵌手法重新诠释传统材质，如金银、螺钿、玉石等，与新型材料形成对比，打造既具有历史厚重感又符合现代审美趋势的服饰。例如，设计师可通过创新设计手法赋予传统工艺新的应用场景，如在奢侈品、时尚品牌定制设计中融入镶嵌工艺，实现高附加值转化。最

后，设计师需要注重工艺传承与现代技术的结合，探索通过数字化工具，实现传统工艺的可视化与模块化设计。例如，设计师可利用三维建模软件模拟镶嵌工艺的图案与结构，为设计提供精确的构造基础；或通过数字化存档和虚拟展示，将传统工艺细节与创意设计全方位地呈现给消费者，以此扩大传统工艺的影响力。

二、融合新兴技术与材料，拓展镶嵌工艺表现空间

融合新兴技术与材料，拓展镶嵌工艺的表现空间，需在工艺制作、材料创新、数字化应用方面进行全面探索。首先，在制作工艺上，设计师可引入精密加工技术，如激光切割、数控加工等，提升镶嵌工艺的精准度。这些技术能实现传统手工艺难以完成的微小细节制作与复杂结构设计，例如在精细的金属镶嵌过程中，激光切割可以精准切割出微型图案，使镶嵌材料更加贴合胎体，也可增强服饰的整体结构稳定性。其次，3D打印技术可以辅助镶嵌部件的快速成型，在设计复杂镶嵌造型时，可利用打印的模具与辅助工具，提高生产效率。再次，在材料选择上，设计师可结合传统材料与现代新兴材料进行创新组合。例如，将传统金银、玉石与新型高分子材料、复合材料或智能材料相结合，通过不同材质的光泽、透明度和触感差异，丰富镶嵌工艺的表现力和层次感。例如，可利用变色材料设计随环境光线或温度变化而产生色彩变化的镶嵌作品，赋予服饰更多互动性。最后，数字化设计工具运用是拓展镶嵌工艺表现空间的关键手段。设计师可以利用3D建模、渲染软件，结合增强现实、虚拟现实技术进行虚拟镶嵌效果展示。通过数字化工具，设计师能直观地模拟不同材料、颜色、图案的搭配效果，优化设计过程，从而为消费者提供定制化体验。

三、加强多元化市场定位，满足个性化消费需求

加强多元化市场定位，满足个性化消费需求，需结合消费者的多样化

需求特点，采用精准的市场细分策略与灵活的设计生产模式，打造适配不同消费群体的镶嵌工艺服饰。首先，设计师需对目标消费市场进行深入调研，通过大数据分析、用户画像技术，了解不同消费者的购买习惯、审美偏好、功能需求。例如，对追求奢华的高端消费群体，可推出运用珍贵宝石、金银等高价值材料制作的限量款镶嵌工艺品，彰显身份品位；对于年轻一代注重个性表达的消费者，可推出结合流行元素和创新材质的时尚镶嵌服饰配件，满足其追求独特风格的需求。其次，在产品设计与营销策略上，可突出个性化定制服务，增强用户参与感。通过数字化设计工具与在线定制平台，消费者可以自由选择镶嵌材料、颜色、图案、款式，甚至参与设计过程，打造真正"专属"的服饰。从而提升产品的独特性，还能通过消费者的深度参与强化品牌忠诚度。例如，可以推出基于地域文化或特定节庆的主题镶嵌设计系列，利用传统图腾、民族纹样等元素，吸引对文化传承感兴趣的消费群体。最后，产业企业可构建多元化的销售渠道，覆盖不同层次的市场需求。在高端市场，可以通过私人定制服务和线下展览，提升品牌的稀缺性和价值感；在中端市场，可以通过限量发售或联名合作吸引时尚爱好者；在大众市场，可推出价格亲民但设计感强的镶嵌配饰，通过电商平台、大型零售商等渠道覆盖更广泛的受众。通过细分市场、优化设计、灵活营销的多种举措，不仅能满足个性化消费需求，还能提升镶嵌工艺服饰的市场竞争力与品牌影响力。

四、注重可持续发展理念，推广环保型镶嵌工艺

注重可持续发展理念，推广环保型镶嵌工艺，可从材料选择、工艺流程优化、设计理念、社会责任四个方面展开具体实践。在材料选择上，可优先使用可持续来源的环保材料，如回收金属、实验室培育的宝石、再生塑料、天然纤维、可降解生物材料等，从而减少对自然资源的依赖。例如，设计师可利用废弃的镶嵌材料进行二次加工，将残余边角料或旧饰品中的宝石和金属重新设计成新的产品，达到减少浪费与资源再利用的目的。其次，在工艺流程优化方面，可引入低能耗、低排放的绿色生产技术，如使用环保黏合剂、无毒染料、节水镶嵌加工工艺等，例如，设计师

可采用数字化技术和智能制造设备，提高生产效率，减少对环境的影响。再次，在设计理念上，需倡导"少而精"的设计思维，通过简约却富有艺术性的镶嵌设计，避免过度装饰与资源浪费。例如，设计师可在设计中融入环保主题，使用自然元素作为灵感来源，或采用与绿色生活方式相关的标志性符号，传递品牌的环保理念。最后，政府部门需发挥领导作用，引导手工艺人、产业企业等参与主体，积极履行社会责任，推动环保型镶嵌工艺的普及教育。例如，政府部门可通过举办环保主题的设计展览、工艺培训班、行业论坛，与设计师、工匠、消费者共享环保理念，构建可持续发展的产业生态。通过全方位的实践，实现环保与艺术的平衡，助力镶嵌工艺向可持续发展的方向迈进。

五、构建跨界合作平台，实现艺术与商业的双向赋能

构建跨界合作平台，实现艺术与商业的双向赋能，需充分调动设计师、品牌商、工艺匠人、科技企业的资源与优势，打破传统行业界限，推动镶嵌工艺在现代服饰设计中的协同创新。首先，可建立跨行业合作机制，通过组织设计师、艺术家、手工艺匠人、技术专家参与联合项目，促成镶嵌工艺与其他设计领域的深度融合。例如，与高科技企业合作，引入3D打印、激光切割等技术，精确完成复杂的镶嵌图案制作，从而实现传统工艺与现代科技的有效结合；也可与材料供应商合作，开发适用于镶嵌工艺的新型环保材料，扩展镶嵌设计的表达空间。其次，品牌可以通过与艺术家或文化创意机构合作，将镶嵌工艺的艺术价值转化为具有市场吸引力的商品。例如，可定期邀请知名艺术家为高端服饰设计限量版镶嵌系列，以高辨识度的艺术设计增强品牌附加值；还可以与文化机构联合推出展览或发布会，以文化内涵为依托进行故事化推广，让消费者感受到产品的独特背景与价值主张。最后，在商业模式方面，打造线上线下相结合的合作平台，为设计师、工艺师、品牌方提供展示与交易的窗口。例如，可建设数字化设计平台，设计师可以在平台上提交镶嵌设计方案，消费者根据需

求选择定制，工艺师负责完成镶嵌制作，从而形成设计与商业的高效对接。还可以开展跨界联名活动，例如，与时尚品牌推出镶嵌主题的潮流单品，或与珠宝品牌合作推出兼具功能性与艺术性的新品系列，提升镶嵌工艺在年轻消费群体中的接受度与关注度。

结　语

　　传统工艺不仅承载着中华传统文化历史的记忆，也展现着独特的艺术价值与文化意义。在现代社会快速发展的背景下，传统工艺面临着传承困境与创新需求的双重挑战。正是在这种传承与创新的交汇点上，传统工艺找到了融入现代设计语境的突破口，在现代服饰设计中，通过造型、材质、工艺的多元融合，传统工艺不仅焕发新的生命力，还为现代设计注入了深厚的文化内涵。本书从传统工艺的起源与发展出发，系统梳理了其在现代服饰设计中的多维创新应用，涵盖刺绣、编织、镶嵌、染色、雕刻等多种传统技艺，通过具体案例与实践策略的分析，探讨了传统工艺如何实现从文化保护到艺术创新的转变过程。这种转变不仅是工艺形式的更新，也是文化理念的升华，是传统与现代对话的成功范例。研究发现，传统工艺的保护与传承需要社会各界的共同努力，包括传承人的技艺传授、设计师的创意融合、学术界的理论支撑及市场的推广应用。唯有多方协同，才能将传统工艺融入现代生活，让传统工艺在当代社会中持续焕发活力。在国际化背景下，传统工艺在国际舞台上正受到越来越多的关注，不仅是中华文化的象征，也是与世界对话的重要桥梁。通过国际合作与文化交流，使传统工艺的艺术价值与文化意义更广泛地传播。本书不仅是对传统工艺在现代服饰设计中应用的总结与探讨，也是对文化传承与设计创新未来可能性的展望。

参考文献

［1］田自秉.中国工艺美术史［M］.2版.上海:东方出版中心,2010.

［2］马丽丽.黎族织锦绗染技艺传承困境与对策［J］.民艺,2022（6）:49-51.

［3］梁龙.纺织非遗传承发展步入新时代——第三届中国纺织非物质文化遗产大会在昆明举办［J］.中国纺织,2019（12）:146-147.

［4］李新宇,饶永.海南黎族织锦纹样设计再生与应用研究——以动物纹样为例［J］.设计,2021（11）:70-72.

［5］金蕾,陈建伟.黎族传统服饰的色彩内涵解读［J］.纺织学报,2015,36（10）:140-144.

［6］柳宗悦.工艺文化［M］.2版.徐艺乙,译.桂林:广西师范大学出版社,2011.

［7］王翔宇,刘晓刚.黎族织锦纹样在服装设计中的应用［J］.西部皮革,2023,45（20）:140-143.

［8］谢军.试论黎族服饰与其宗教信仰、审美取向和人生观的关系［J］.艺术科技,2014,27（7）:77-79,81.

［9］潘鲁生.民艺学论纲［M］.北京:北京工艺美术出版社,2016.

［10］沈从文.中国古代服饰研究［M］.上海:上海书店出版社,2011.

［11］徐晓彤,胡瑞波.基于符号互动论的东方黎族服饰文化产业化发展研究［J］.美与时代（上）,2024（6）:30-34.

［12］王受之.世界现代设计史［M］.2版.北京:中国青年出版社,2015.

［13］邓喜洪.海南黎族服饰文化的现代传承与创新［J］.印染,2023,49（7）:100-101.

［14］马玲源,崔俊,曹春楠,等.黎族文身图样在现代服饰品设计中的应用研究［J］.轻纺工业与技术,2022,51（2）:107-109.

［15］冯月季,高迎泽.中华民族共同体意识认同的文化符号根基［J］.中国民族教育,2021（10）:23-25.

［16］林婷婷,王伯勋.文化消费视域下广绣非遗参与者体验价值研究［J］.包装工程,2022,43（22）:318-326.